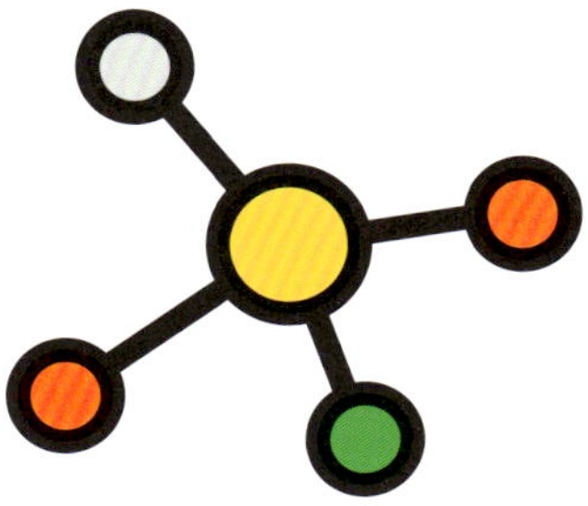

STEAM
科學了不起 暢銷經典版

CONTENTS..

- 4 介紹
- 6 超炫氣泡噴泉
- 7 自製飛船
- 8 狗仔潛望鏡
- 10 扭曲的味蕾
- 11 落跑的葡萄
- 12 超黏滑史萊姆
- 14 好用對講機
- 15 紙蜻蜓
- 16 變色康乃馨
- 18 手錶羅盤
- 19 冰塊消失了！
- 20 太陽能烤箱
- 22 有魅力的梳子
- 23 大小眼
- 24 智慧手機電影院
- 26 軟Q的骨頭
- 27 吸吐自如
- 28 隱藏的硬幣
- 29 雷聲筒
- 30 大象的牙膏
- 32 平衡幻術
- 33 馬鈴薯戳戳樂
- 34 右或左？

STUPENDOUS SCIENCE
by Rob Beattie and Sam Peet

© 2017 Quarto Publishing plc
This edition first published in 2017 by QED Publishing, an imprint of The Quarto Group.
Complex Chinese translation © 2020 GOTOP Information, Inc.

All rights reserved.

This translation is published and sold by permission of The Quarto Group, which owns or controls all rights to publish and sell the same.

36 敲瞬凍	64 電力檸檬
37 不可能的飛機	66 驚嚇的黑胡椒
38 松果氣象站	67 為什麼一定要刷牙
39 吹紙入瓶	68 別弄濕
40 空氣起重機	69 太陽系星圖
42 鹽消失了！	70 冰棒橋
43 遠方的雷聲	72 氣球擴音器
44 漂浮的M&M	73 消失的彩虹
45 胖手指	74 火花在飛
46 70年代的熔岩燈	76 火與水
48 搖晃的掃帚	77 舉手！
49 瓶中的氣球	78 製作水晶糖
50 小蘇打船	80 伯努利定律
51 造雨人	81 瘋狂氣球
52 自製冰淇淋	82 蟲蟲樂園
54 消失的把戲	84 線軸坦克車
55 多少立方體？	85 消失的臉
56 我的袋子不會漏！	86 穀片中的鐵！
57 隱形墨水	88 不可能的簽名
58 製作水車	89 長出自己的名字
60 走迷宮的植物	90 製作微型機器人
61 硬幣變綠	92 尖叫氣球
62 悅耳的管子	93 在蛋上行走
63 彈跳膝蓋	94 詞彙表

介紹

歡迎來到《STEAM科學了不起》！這本書將會讓你發現，平時家中那些不會特別注意到的日常物品，事實上是非常神奇的。

你將會解開水、空氣、鹽、糖，還有其他隨手可得的物品當中的秘密。這些小東西只要落到正確的人（也就是你！）的手上，都能完成驚人壯舉！

來做實驗吧！

在本書中，你將發現各式各樣的實驗，這些實驗能讓你探索化學、物理、生物和工程學。這些實驗有長有短，有些簡單明瞭，有些較具挑戰性，還有一些非常有趣！讓你能一邊笑一邊動腦思考！

在每一頁的頁碼下方，你會看到這四種符號的其中一種，代表這個實驗屬於哪個科學類別。

化學	物理	生物	工程

更進一步

這些框框將告訴你如何做進一步的實驗，以精進你的科學技能。

科學原理是？

注意看每個實驗所附的框框。裡面會解釋每個實驗背後的迷人科學，並幫助你了解其原理。「在現實生活中」的框框，將介紹這個實驗在現實生活上的應用。

安全第一

我們使用交通號誌系統來標示每個實驗是否需要大人的監督。這個「交通號誌」位在頁碼上，代表的意義如下：

- 🟢 綠色 —— 不需要大人！你自己一個人就能搞定，所以盡情揮灑吧（但不是真的亂灑東西）。但在開始實驗之前，請先和大人確認！

- 🟠 橙色 —— 有些步驟需要大人代為動手或協助。這些實驗通常會動到刀子、火，或某些需要小心處理的物質。

- 🔴 紅色 —— 此實驗必須有大人在場。不要嘗試自己進行，因為其中某些或所有的步驟，你會需要得到協助或監督。

你必須遵循所有健康和安全的建議 —— 尤其當規定戴橡膠手套或護目鏡時，一定要遵守！

了解科學，就是了解世界如何運轉。這本書將幫助你邁出第一步，朝興奮的發現之旅出發，而且可能會帶你到…任何地方！

準備好開始了嗎？

超炫 氣泡噴泉

這個實驗會使用兩種常見的成分，將它們混合在一起就會產生碳酸飲料噴泉衝向空中。請在室外操作，因為會弄得到處都是！

你需要
- 大瓶汽水
- 一包曼陀珠
- 平坦的表面

科學原理是？

雖然曼陀珠看起來很光滑，但其實表面遍佈千萬個小凸起。它們會吸引碳酸汽水中的泡泡（由二氧化碳組成），進而吸引其他氣泡。這個連鎖反應很快就會失控，導致瓶子噴發。

1 把瓶子和曼陀珠拿到室外，將瓶子放在一個堅固、平坦的表面上。

2 從包裝袋中拿出一顆薄荷糖，準備進行步驟 3。轉開瓶蓋。

3 把薄荷糖丟進瓶子，然後退後。

4 瓶子開始爆發啦！

更進一步 如果你喜歡這個火山爆發實驗，可以試試不同的碳酸飲料或不同種類的薄荷糖。哪種組合會造成最大的反應？哪一種最弱？記得將你的成果和結論記錄下來！

自製飛船

你覺得讓一個玩具靜靜滑過廚房流理台的主意如何？

你需要
- 舊的 CD 或 DVD
- 圓形氣球
- 三秒膠
- 水壺的上拉瓶蓋

1 確認上拉瓶蓋是關上的。將蓋子從瓶口轉下來，取下塑膠蓋片。

2 沿著瓶蓋底部塗上三秒膠，可以請大人幫忙。

3 將上拉瓶蓋壓到 CD / DVD 上，確認整個孔都被覆蓋住，沒有空隙讓空氣進入。等待五分鐘，確認三秒膠乾了。

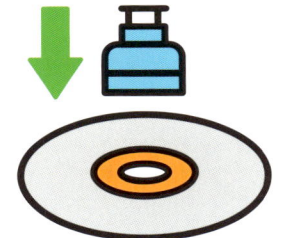

4 吹飽氣球，並將吹嘴套住瓶蓋的頂部。

5 將瓶蓋向上拉起，然後把手移開。

科學原理是？

科學家用「摩擦力」來形容一個表面越過另一表面時會遇到的阻力。試試將一張 CD 滑過一個物體表面，摩擦力會讓它變慢。將空氣流引入會減少這種摩擦力，使 CD 滑動起來更順暢。

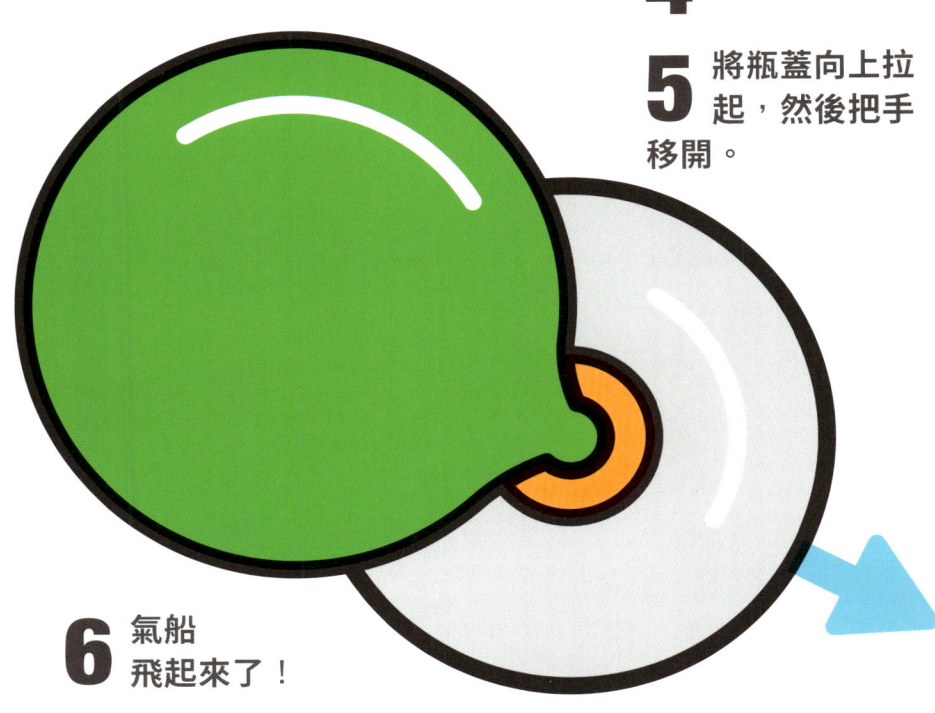

6 氣船飛起來了！

狗仔潛望鏡

想看看圍牆外或轉角處的動靜嗎？我想，你需要一支潛望鏡。

你需要

- 2 個空的 1 公升牛奶或果汁紙盒
- 2 個小的方形鏡子，寬度和紙盒相同
- 銳利的刀子
- 尺
- 原子筆或鉛筆
- 膠帶

1 請大人協助切開兩個紙盒的頂部。（此實驗中的所有切割步驟都可以請大人操作。）將紙盒清洗並晾乾。

2 拿出其中一個紙盒，從底端向上量 6 公釐，在單側切割出一個方形的洞。確認在洞的左右側也各保留 6 公釐。

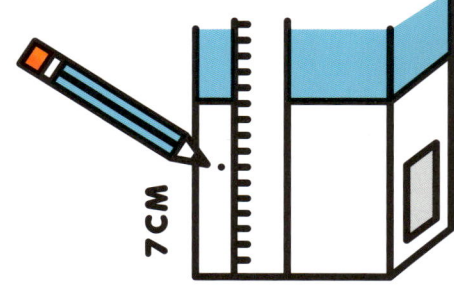

3 將紙盒轉向，使洞口朝右，從左邊緣的底部向上量 7 公分，並用筆做個標記。

現實生活中

雖然現代有更多的選擇，但許多潛艇依然使用潛望鏡來觀測周遭，不需真的浮出水面。

4 從剛剛的標記處，往對角畫一條線，讓它形成直角三角形。

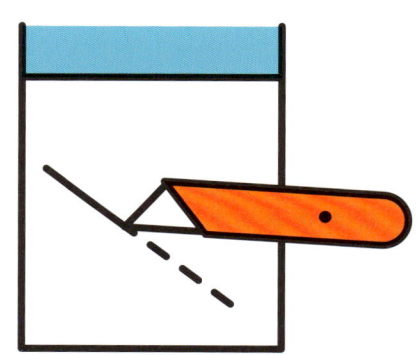

5 用刀片沿著這條線切割。切口的長度和寬度必須足以容納其中一面鏡子。

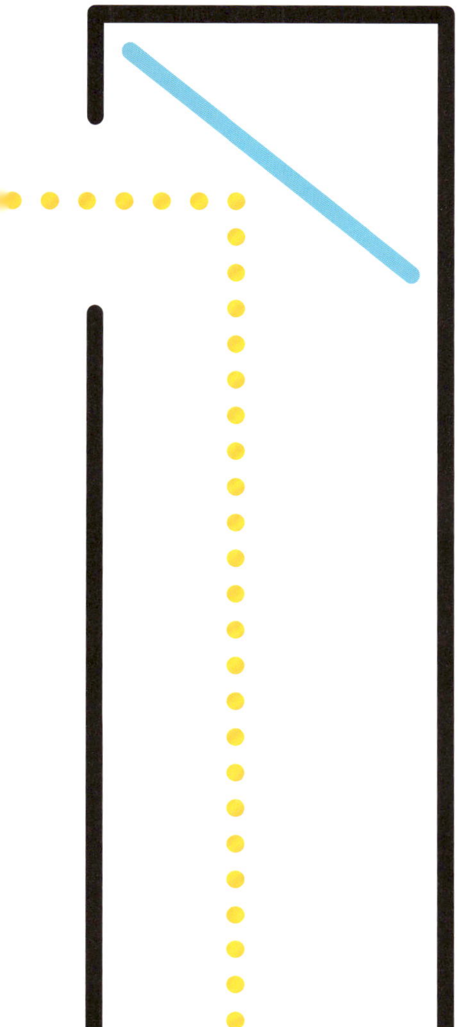

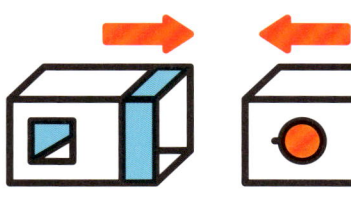

6 將鏡子放進插槽中，讓反射面朝向你在步驟 2 中切好的洞。小心銳利邊緣！

7 用膠帶將鏡子鬆鬆地固定好。

9 拿起兩個紙盒，將其中一個套進另一個的內部，使下方紙盒的洞面向你，上方紙盒的洞背對你。

8 從洞看進去，確認你可以透過鏡子看到天花板。如果看不到，請調整鏡子。用另一個紙盒和鏡子重複步驟 2 至 8。

10 從洞看進去時，扶好紙盒的位置以確認一切運作正常。如果需要的話，調整一下鏡子。

11 用膠帶將鏡子牢牢固定，並將兩個紙盒黏在一起，你就得到一支潛望鏡了！

科學原理是？

這和光線從鏡子反射回來的方式有關。它的折射角度永遠和光線「打」到鏡子的角度相同。如果你的鏡子成 45 度角，光線就會打到上方的鏡子、以直角反射向下，然後直接打中潛望鏡下方的第二面鏡子，然後再以另一個直角反射到你的眼睛裡。

扭曲的味蕾

你覺得你可以分辨出蘋果和西洋梨的不同嗎？當然了！它們看起來不一樣，味道也不同。至少你可能是這麼想的。這個實驗會讓你知道，你其實錯得離譜！

你需要
- 很熟的蘋果
- 西洋梨（或水梨）
- 削皮刀
- 銳利的刀子

1 小心將蘋果和西洋梨削皮。

2 請大人幫你將水果切碎。

3 咬一口梨。再咬一口蘋果。很容易分辨兩者的不同，對嗎？

4 現在捏緊鼻子，再重複步驟3。

5 現在蘋果和梨子的味道應該是一樣的。

科學原理是？

你同時需要舌頭上的味蕾和鼻子內的氣味感應器來辨識口味。如果你聞不到任何氣味，那麼兩種質地相同的食物，味道會幾乎相同。

落跑的葡萄

如果跟你說葡萄有磁性,你會相信嗎?當然,這聽起來太離奇了。畢竟,你沒辦法將葡萄黏在冰箱上……

1 小心地將葡萄插在吸管的兩端。

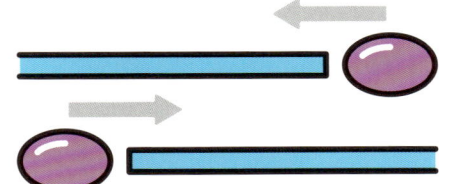

你需要

- 2 顆葡萄
- 吸管
- 釹磁鐵(有時也稱為「稀土磁鐵」,你可以上網購買,或許大人也能幫你在家裡找到現成的強力磁鐵)。

2 伸出手指,將吸管的中間放在指尖,讓吸管平衡。

  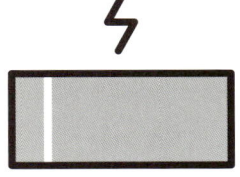

真是太神了!

3 用另一隻手將磁鐵移到葡萄旁邊,但不要碰到,此時葡萄會躲開磁鐵,轉身落跑。

科學原理是?

葡萄的主成分是水,而水具有反磁性。這代表它會被磁鐵的兩個磁極排斥。反磁性很弱,這就是為什麼你需要強力磁鐵才能進行實驗。

更進一步

嘗試其他不同含水量的水果(例如蘋果或香蕉切塊)。比較看看它們對磁鐵的反應。

超黏滑史萊姆

閉上眼睛，想像一下最黏呼呼、滑膩膩，最噁心的黏液團。現在讓我們來做一些吧！

你需要

- 膠水 50ml
- 食用小蘇打 5g
- 食用色素（可有可無）
- 一杯水
- 隱形眼鏡清潔液 50ml
- 橡膠手套
- 兩個碗
- 攪拌棒

1 在第一個碗中，加入膠水和隱形眼鏡清潔液。

2 如果你想要有顏色的史萊姆，就加入幾滴食用色素。

3 戴上橡膠手套。在第二個碗中，將小蘇打和一杯水混合直到溶解。

現實生活中

想知道什麼是史萊姆之王嗎？來認識盲鰻（hagfish）吧！這是一種鰻魚狀的奇怪生物，生活在海中，以死魚的內臟為食。盲鰻受到攻擊時，牠製造的防禦性黏液足以使鯊魚窒息。盲鰻的黏液是由極細但結實的線製成的。科學家們正在努力研究是否可以用它來製造有用的東西，比如耐用的戶外服裝。如果用來做成高空彈跳繩應該很棒！

4 現在，將小蘇打水酌量分次倒入第一個碗，邊倒邊攪拌。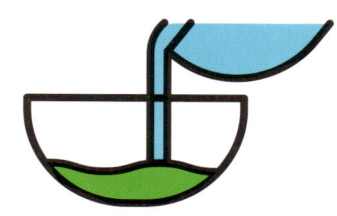

5 此時就會開始形成黏糊糊的史萊姆。小蘇打水不需用完，成型即可！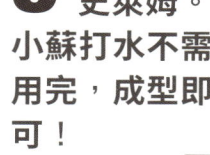

6 用戴手套的手完成攪拌,做出完美、持久的史萊姆。

科學原理是?

目前市售的膠水為 PVA 膠水,PVA(聚乙酸乙烯酯)是一種液態聚合物。因為它分子鏈接在一起的方式使這種化合物具有橡膠彈性。隱形眼鏡藥水中的硼酸成分會將這些鏈連接起來,產生更大的彈性,做出的成品可以用手捏,或放在平坦的表面上變成一灘爛泥!

健康和安全

硼酸和小蘇打雖然不危險,但應謹慎處理。實驗結束後,你應該徹底清洗雙手和器具。它們也可能會刺激皮膚,所以要小心。

好用對講機

這個簡單的對講機看起來很低科技,但這是手機出現之前,你的爸媽用來對話的方式!(呃…才不是!)

你需要
- 兩個紙杯
- 1 條繩子
- 竹籤(或其他可以在杯子上戳洞的工具)

1 使用竹籤在兩個杯子底部各戳一個洞。

2 將繩子的一端穿進杯子裡。在杯子內部打一個結,讓繩子不會被拉出。

3 對另一個杯子重複步驟 2。

4 將兩個杯子之間的繩子拉直。

5 對其中一個杯子講話,同時請你的朋友將另一個杯子放在耳邊。

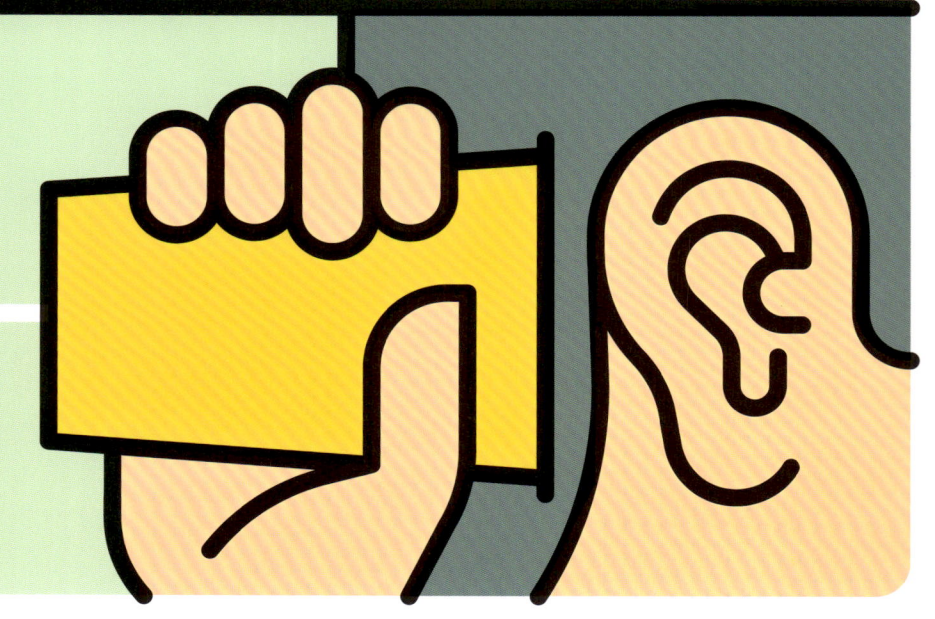

科學原理是?

當你講話時,你的聲音會使杯子的底部隨著聲波而振動。聲波會沿著拉緊的繩子傳遞下去,並使第二個杯子的底部振動。你的聲音就會從另一端傳出,讓你的朋友聽到。

紙蜻蜓

直昇機是靠螺旋槳來起飛和盤旋。只要花幾分鐘，你也可以做出自己的直升機式旋轉飛行器。

你需要
- 矩形紙（白色或彩色）
- 迴紋針
- 剪刀

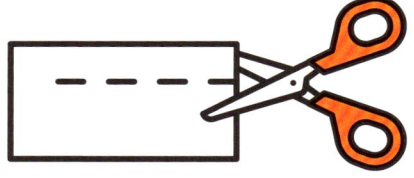

1 從紙張短邊大約三分之一處開始，沿著下圖所示的方式剪第一刀。在到達紙的邊緣之前停止。

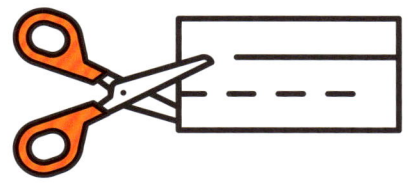

2 翻轉紙張，以同樣方式剪第二刀。

3 一手一邊，拿起紙條兩端。

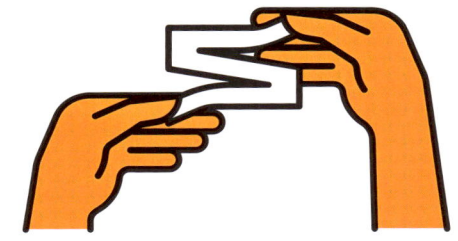

4 將兩端疊在一起。

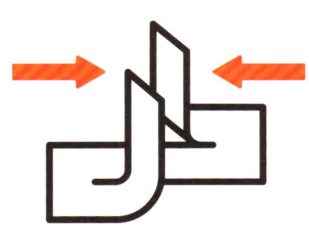

5 用迴紋針固定兩端。

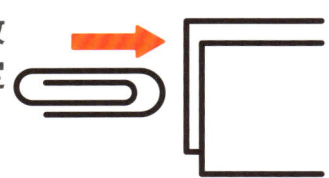

6 將紙蜻蜓丟到空中，它會慢慢旋轉落地。

更進一步 試試不同大小和重量的紙張和迴紋針來製作更多的紙蜻蜓。觀察不同的材料和大小如何影響「蜻蜓」停留在空中的時間。

科學原理是？

紙蜻蜓在旋轉時就像直升機一樣，會產生升力──這種力量會向上推，並減慢下降速度。

變色康乃馨

白色的花有點無聊，對吧？讓我們將它變得有趣一點…

你需要

- 白花（康乃馨是個好選擇）
- 兩個相同大小的高腳玻璃杯
- 一壺水
- 紅色，黃色或藍色等等色彩鮮明的食用色素
- 銳利的刀（如果你不能獨自操作刀子，請找一個大人來協助你進行此實驗）

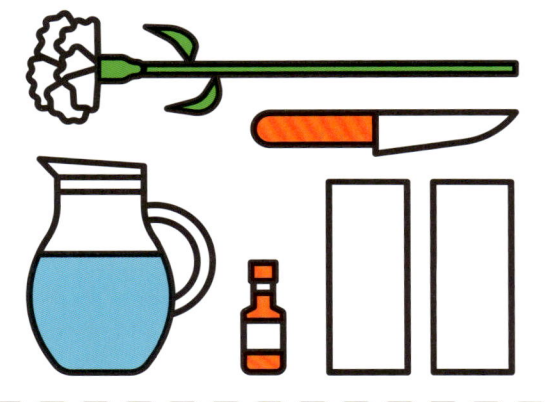

1 斜切花莖。花莖長度要稍稍超過玻璃杯。

2 將其中一個杯子裝滿水，然後將花放入。

3 將另一個杯子也裝滿水，加入幾滴食用色素。攪拌一下，讓它混合均勻。

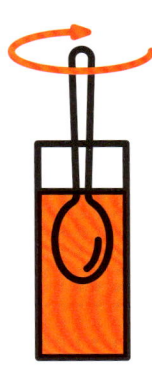

4 從第一個杯中取出花。從底部開始小心地將花莖從中剖開，一路向上直到距花萼約 5 公分處。

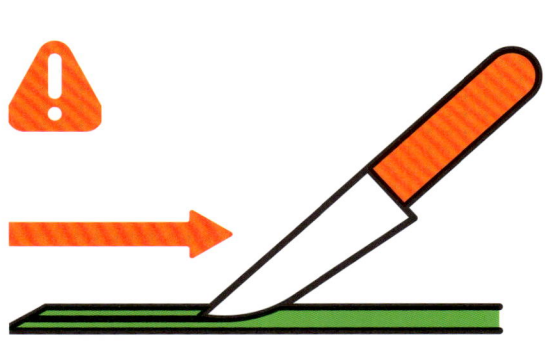

5 將兩個玻璃杯靠在一起，然後小心地「打開」花莖，將一半放在第一個玻璃杯中，另一半放在第二個玻璃杯中。

6 經過幾天，半邊的花就會變色了！

科學原理是？

當微小的水分子流過植物時（稱為蒸散作用），會拉動莖部內的其他水分子來取代原來的位置。這稱為「內聚力」，因為水分子喜歡彼此「聚」在一起。水是如何克服重力而沿莖向上運動的呢？這是因為水不僅喜歡「聚」在一起，也會黏附在其他東西上，例如花的莖。試試將紙巾浸入水中，觀察水如何爬到纖維上！

P.S.

你是否好奇為什麼在步驟 1 當中需要將莖斜切？這是為了使花莖有更大的表面積可以從玻璃杯中吸收水分。

手錶羅盤

只要用陽光和簡單的手錶，我們就可以用老派的方式導航。

你需要
- 傳統石英錶（有指針的）
- 陽光

1 將手錶平放在手中，然後轉動整支錶直到時針指向太陽。

2 如果現在是正午之前，請看著時針，讓你的視線順時針繞著錶面移動，直到碰到 12 點。現在想像一條直線穿過兩個位置之間的中點。如果是在中午之後，則改以逆時針方向移動視線。

⚠ 切記：不要直視太陽！

3 穿過時針和 12 點中間點的那條假想線指向南方。沿相反方向延伸的假想線則指向北方。

4 注意：如果你住在南半球，那就將 12 點對準太陽，並以時針來進行測量。

科學原理是？

太陽是可預期的，總是東邊升起，西方落下，因此我們可以透過它的路徑來找出東西南北。

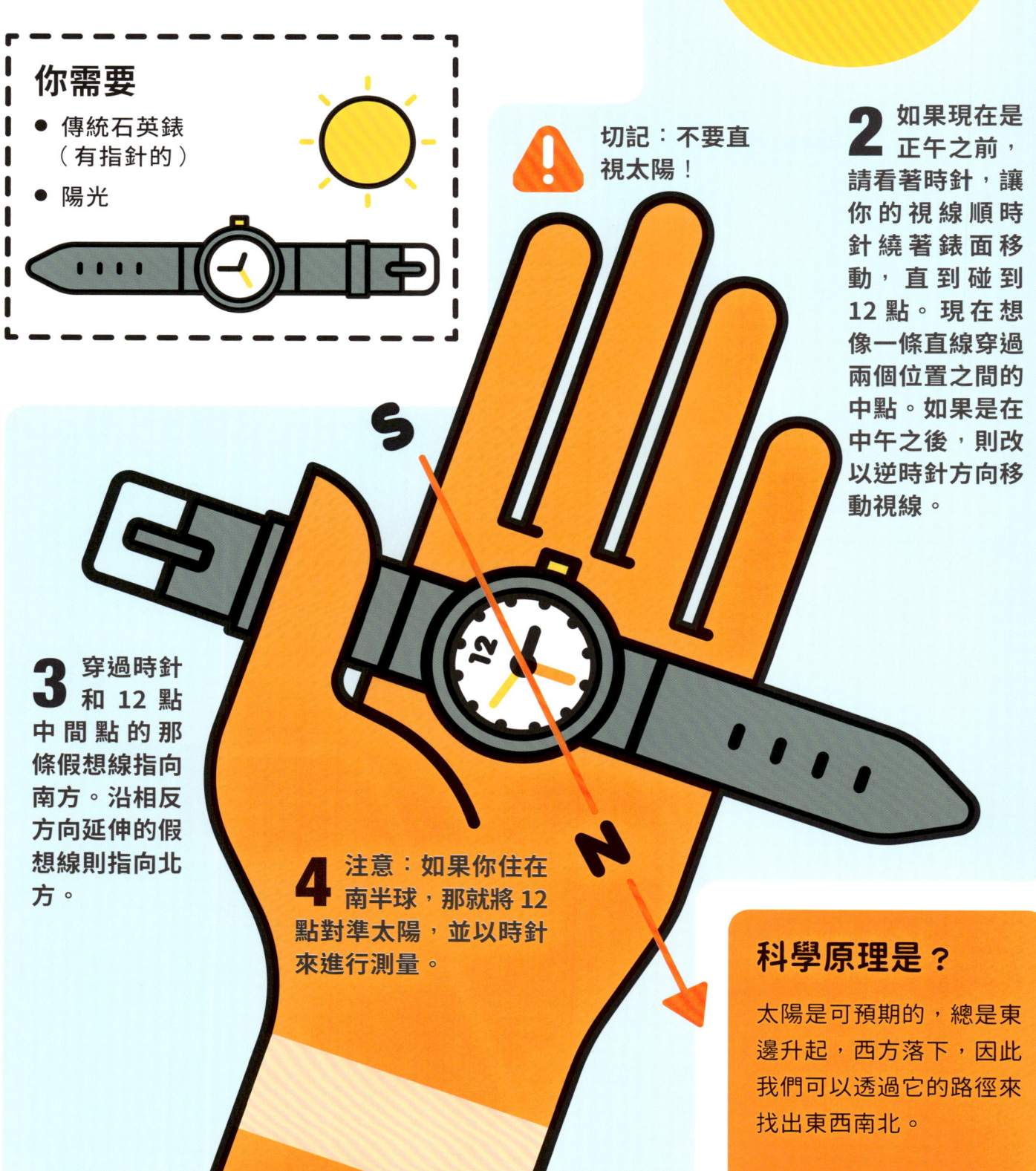

冰塊消失了！

只用一根火柴棒就能提起一顆冰塊？
不可能吧？

你需要
- 一碗水
- 火柴
- 冰塊
- 食鹽

1 將冰塊小心地放到一碗水當中。

2 輕輕將火柴放在冰塊上方，試試用它來提起冰塊。

3 沒辦法，對嗎？現在把火柴棒放回冰塊上，沿著它和冰塊接觸的直線撒一點鹽。

4 等待 30 秒鐘左右，然後再試試看。現在你可以將冰塊從水中提起來了！

科學原理是？

一開始，冰塊和水處於「平衡」的狀態——凍結和融化的速度相同。加入鹽會降低水的凍結速度，因此冰融化得更快。這會以熱量的形式釋放出大量的能量，因此一切都變得更冷，包括冰塊。沒有鹽的地方（火柴下面），冰塊會重新凍結，火柴就會被一起凍住。

現實生活中

這不僅僅是個很酷的小把戲，它也解釋了為什麼結冰的路上要撒鹽——因為鹽會融化冰。

太陽能烤箱

如果你想要使用太陽的威力來烹飪食物，你來對地方了。

你需要
- 空的披薩盒，越大越好
- 鉛筆或原子筆
- 美工刀
- 鋁箔
- 白膠
- 保鮮膜
- 黑色膠帶
- 一些黑紙
- 塑膠吸管

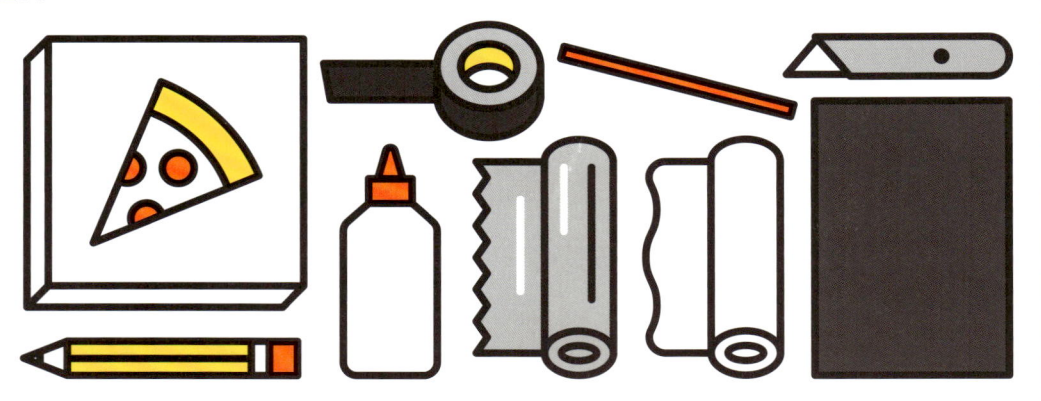

1 在披薩盒的蓋子上繪製一個正方形，距離盒子的四邊各約 2.5 公分。

2 請大人幫你沿著剛剛畫出的正方形的三個邊進行切割──除了最接近披薩盒開合處的那條線。

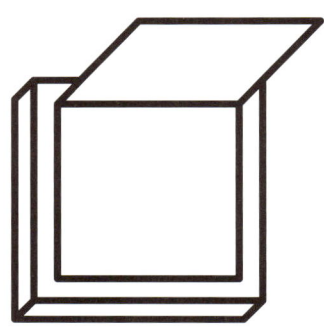

3 打開剛剛割好的翻蓋。

現實生活中

露營者和健行者會購買可以在幾分鐘內就能烹煮食物的太陽能烤箱。它們具有內建的真空管，幾乎是完美的絕緣體，因此捕獲的熱量都無法散發。

4 用鋁箔紙蓋住翻蓋的內部，將邊緣折好，並用白膠固定起來。

5 用保鮮膜將翻蓋下方的開口蓋住，用膠帶固定好。確認保鮮膜上沒有破洞。

6 將披薩盒完全打開，然後在內部（底部、側面和蓋子）襯上鋁箔紙。用白膠黏好（當然了，不要將鋁箔紙貼在保鮮膜上）。

7 用黑紙鋪在披薩盒的內層底部，然後用白膠黏好。

8 將你的「烤箱」放置在大太陽下。用吸管撐起翻蓋，使翻蓋下的鋁箔可以將陽光反射到烤箱中。

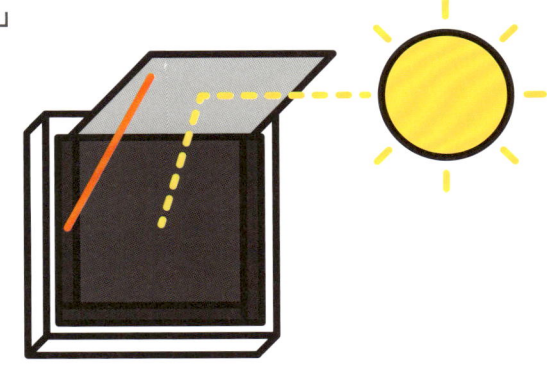

9 預熱約 30 分鐘，然後將食物放進去。來點巧克力碎片軟餅乾和棉花糖三明治如何？警告：請勿將這個烤箱用於肉類或其他沒有煮熟會讓你生病的食物上。

超美味！

科學原理是？

地球從太陽獲取 1 個小時的能量，就超過了 1 年中整個行星所消耗的能量。太陽的熱量打中翻蓋上面的鋁箔並反射到盒子裡，加熱了內部的空氣。為什麼用黑紙呢？因為黑色很善於吸熱且能將光轉化為熱量。烤箱內的鋁箔也有助於防止熱量散逸。這樣的烤箱在晴朗的天氣下可以達到接近攝氏 100 度，所以要小心！

有魅力的梳子

梳子對於保持頭髮整齊很有用,但是你知道它們也很有吸引力嗎?試試看這個實驗,你會發現水非常喜歡梳子,甚至會朝向它移動!

你需要
- 塑膠梳子
- 冷水水龍頭
- 頭髮

1 用梳子梳你的頭髮十下。

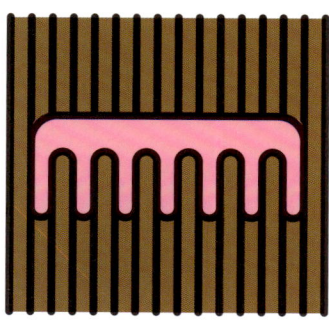

2 打開冷水龍頭十秒鐘,然後將水流關小,讓它非常柔和的流出。

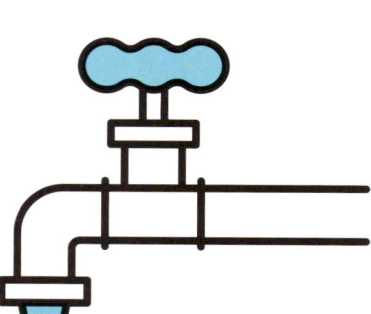

3 將梳子靠近水。

4 看看發生了什麼事。水應該會朝梳子的方向彎曲,因為它受到靜電的吸引力。

科學原理是?

用梳子梳頭髮會產生靜電:帶負電的電子。水分子是中性的。當你將梳子移到水的附近時,梳子會將帶負電的電子推開,然後吸引剩下的正電子,因此水會彎向梳子。

大小眼 ◎ ⊙

你的瞳孔都會維持固定的大小，對吧？…錯！

你需要
- 晴天
- 眼罩
- 鏡子

1 用眼罩蓋住一隻眼睛。（快來學海盜吶喊吧！「啊～～」）

2 在陽光普照的天氣下，坐在外面五分鐘。（請勿直視太陽。）

3 進到屋子裡並站在鏡子前面，然後拿下眼罩檢查雙眼。

眼睛中央的黑色圓形是瞳孔。戴眼罩那隻眼睛的瞳孔會比另一隻眼睛大很多。

科學原理是？

眼睛之所以能夠看見物體，是因為物體會反射光線。瞳孔的作用是盡可能納入最多的光線讓你能夠看東西。因此，在陽光下它會變小，因為你不需要那麼多的光。但是在黑暗中（就像在眼罩底下），瞳孔會變得更大，因為它會試圖讓更多的光線進入。

智慧手機電影院

如果你想用手機和其他小零件來打造自己的家庭電影院的話，請繼續看下去…

你需要

- 鞋盒（最好是內部較深色的鞋盒）
- 放大鏡（手把可以拆下的）
- 2 個大的長尾夾
- 美工刀（和可協助的大人）
- 絕緣膠帶
- 鉛筆
- 智慧手機
- 空的白牆或白板

1 去掉盒蓋，將鞋盒立起來。

5 將鞋盒放平，然後試試將智慧手機豎立在其中（如果手機有硬殼的話，比較容易成功）。

2 將放大鏡的把手轉下來，然後把放大鏡放在鞋盒的一端，用鉛筆沿著鏡子邊緣畫一圈。

6 如果電話立不起來，請用兩個長尾夾來協助，如圖所示。

3 請大人把剛剛畫在盒子上的圓切割成一個和放大鏡相同大小的洞。

7 將手機放在夾子上。目標是讓螢幕正對放大鏡，因此可能需要進行一些調整。

4 將放大鏡貼在洞口內外，確認沒有間隙。

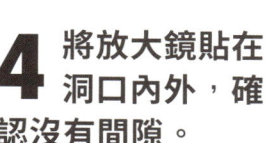

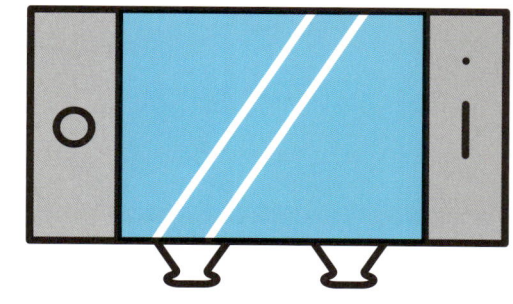

8 如果你現在嘗試用這個投影機來播放，螢幕顯示會是倒過來的。因此請找出手機上可以旋轉並鎖定螢幕的設定，否則螢幕會不斷轉動畫面。

9 將手機的亮度調到最大，找一支影片開始播放。操作時，拿起鞋盒並將它指向牆壁或白板上。

10 從房間的對面開始朝牆壁走，直到圖片清晰為止。

11 在盒子內，向前或向後移動手機來微調影片的清晰度。

科學原理是？

當光線通過透鏡（如放大鏡）時會被翻轉，而使得影像上下顛倒。因此，你必須確認手機是上下顛倒的，影片才能正確顯示。信不信由你，你的眼睛也是以相同的方式運作。你看到的所有內容實際上都是顛倒的——只是你的大腦會自動為你校正方向。

將蓋子放回盒子上，並將盒子放在桌上，就可以去拿爆米花了！

軟Q的骨頭

如果你曾希望自己強壯到可以將骨頭從中間彎曲的話，現在你的願望即將實現了。

你需要
- 碗
- 白醋
- 雞腿骨（生的）

1 用水龍頭沖洗骨頭，去掉所有的肉或多餘的碎屑。

2 試試看將骨頭折彎，沒辦法吧？

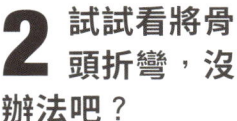

3 將骨頭放入碗中，用白醋淹過它，然後將手洗乾淨。靜置浸泡 3 天。

4 第四天，拿出骨頭並沖洗乾淨，然後再試一次把它折彎。成功！

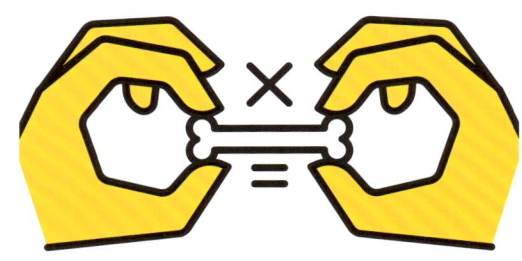

科學原理是？

你的骨骼中含有碳酸鈣，這是使骨骼堅固的關鍵物質。而醋是一種酸，其強度足以溶解骨骼中的所有碳酸鈣，但不足以實際破壞骨骼。這就是你可以彎曲它的原因。

吸吐自如

這是直接將雞蛋吸進瓶子而不需要碰到它的方法！

你需要
- 水煮蛋
- 空瓶（開口要比蛋小一點，讓蛋不能掉進去）
- 廢紙
- 打火機或火柴

1 將蛋去殼。

2 你需要大人協助你完成剩餘的步驟。請他點燃廢紙後丟入瓶中。

3 紙張燃燒的同時，將蛋放在瓶口。

4 蛋被吸到瓶子裡了！

科學原理是？

把燃燒的紙張丟進瓶子時，瓶子內的空氣會膨脹；火焰熄滅時，空氣會收縮，現在內部的壓力小於外部的壓力。看起來蛋好像是被吸入的，但其實是被外面更大的壓力推入瓶子裡的。當你往瓶子裡面吹氣時，這個過程會逆轉，內部增加的壓力會把蛋推出瓶口。

更進一步

小心地清除所有燒焦的紙張，將瓶子放到嘴邊，然後往內吹氣兩秒鐘。移開嘴巴，蛋將會滑出瓶口。

隱藏的硬幣

這是辨別硬幣藏在哪一隻手的方法，屢試不爽。

你需要
- 硬幣
- 樂於助人的朋友

1 將硬幣遞給你的朋友。

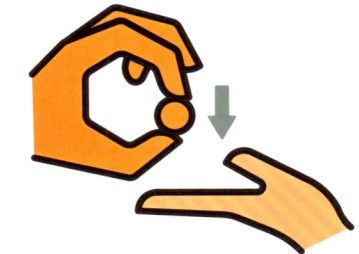

2 你轉過身去閉上眼睛。

3 請他們雙手握拳。然後，在你進行「讀心術」的同時，請他們將握有硬幣的手高舉過頭頂一分鐘。

4 要他們將雙手伸出。現在轉過身，選出藏有硬幣的手。

科學原理是？

當你的朋友將手舉過頭頂時，那隻手的血液會稍微流失，看起來會比另一隻手蒼白。你要做的就是選擇那隻手，這樣每次你都會找到硬幣！

現實生活中

步驟 3 比較難搞定，因為你需要分散朋友的注意力，這樣他們才不會懷疑為什麼必須把手高舉過頭一分鐘。試試告訴對方，他們的大腦是你遇過最難解讀的，或者說些其他分散他們注意力的事都行。魔術師將這個技巧稱為「誘導」。

雷聲筒

如果你喜歡製造巨大的噪音（誰會不喜歡？），那麼你將愛上這個簡單的實驗。

你需要

- 大約高 25 公分、寬 15 公分的硬紙筒，最好底部有紙板（可以去手工藝材料行或上網搜尋，或詢問父母有沒有裝葡萄酒的舊禮盒）
- 約 45 公分長的彈簧（有時稱為螺旋彈簧或鋼質拉伸彈簧）
- 十字螺絲起子

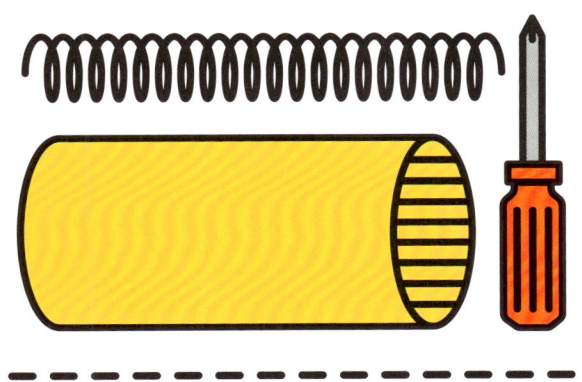

1 用螺絲起子小心地在紙筒底部戳一個洞，洞要比彈簧的直徑略小一點。

2 將彈簧的一端戳入洞中，然後像轉螺絲釘一樣旋轉彈簧，直到大約有 5 圈進到紙筒內部。

3 雷聲筒完成啦！握住紙筒左右搖晃，它發出的噪音會大到讓你驚訝！

科學原理是？

當你搖動紙筒時，彈簧會振動，這也會導致筒底振動。紙筒會放大聲音，產生獨特的雷聲。超厲害！

大象的牙膏

如果大象也刷牙的話，我很確定牠們的牙膏長這樣！

你需要

- 1 個大的保特瓶
- 1/2 杯（約 120 ml）的過氧化氫（具腐蝕性）——可以請大人從美髮店或超市購買
- 1 大匙乾酵母
- 溫水
- 一些洗碗精
- 食用色素
- 小杯子
- 湯匙
- 量杯
- 塑膠漏斗（可有可無）
- 護目鏡
- 戶外空間——這實驗會弄得髒兮兮！

1 戴上護目鏡，請大人量好需要的過氧化氫。

2 請他們將過氧化氫倒入空瓶。

3 加入約 10 滴食用色素到瓶子裡。

4 將大約一湯匙的洗碗精倒入瓶中。

5 旋轉瓶子，使所有內容物混合在一起。

6 在杯子中，混合 3 湯匙溫水與酵母——大約攪拌 30 秒鐘就可以了。

7 將酵母水倒入瓶中（如果有漏斗的話，就使用漏斗）。

8 退後！瓶子中的內容物會像牙膏管一樣從頂部冒出，但會比牙膏大 10 倍。這就是為什麼它叫做大象的牙膏！

更進一步

「牙膏」停止流動後，將手放在瓶子上，你會發現它很溫暖。那是因為這個實驗也產生了熱量——這是放熱反應。科學家用這個術語來描述化學反應以熱能的形式釋放能量的狀況。

科學原理是？

酵母和水的混合物有催化劑的作用——催化劑會加快另一種物質的化學反應，但本身保持不變。當你將酵母水加到瓶子裡，它會使過氧化氫分解成氧氣和水。洗碗精會將氧氣包到氣泡中，形成泡沫。只要小量的過氧化氫就可以產生大量的氧氣，所以會出現很多氣泡，使你的「牙膏」爆出瓶子外。

安全提醒 操作時請遠離火源！

平衡幻術

用牙籤在玻璃杯邊緣平衡2支叉子？
你一定是瘋了。就像科學家一樣瘋！

1 拿起兩支叉子，將叉齒交錯在一起，叉好叉滿。完成時，只要握住一端就可以拿起兩支叉子。

你需要

- 玻璃杯
- 2 支相同的叉子（必須完全相同）
- 牙籤
- 打火機或火柴（可有可無）

2 將叉子放在你的手指上平衡，找到兩者的重心。

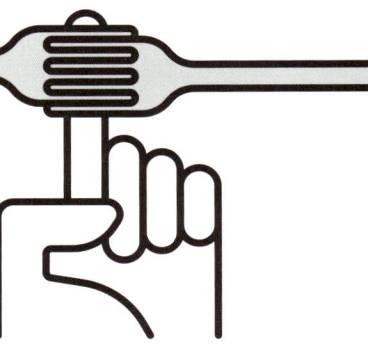

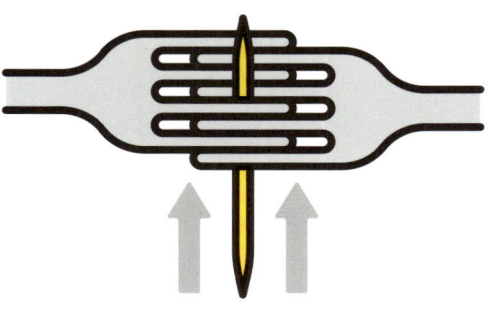

3 在重心的位置上，用牙籤穿過叉齒。

4 在玻璃杯邊緣平衡牙籤，前後移動牙籤和叉子，直到找到平衡點為止。

科學原理是？

關鍵就在重心——有時也稱為質心。只要找到這一點，用非常脆弱的東西（例如牙籤）來平衡很重的東西（如叉子）是可能的。

更進一步

在叉子保持平衡的情況下，請大人點燃牙籤靠近玻璃杯中心的那一端，觀察它燃燒到玻璃邊緣的邊緣。很驚人的是，在物理原理下，牙籤仍然可以維持叉子平衡！

馬鈴薯戳戳樂

要在馬鈴薯上戳洞,每個人都辦得到(假如想要的話)。但如果是用吸管呢…?

你需要
- 生的馬鈴薯
- 2 支塑膠吸管

1 握住吸管,就像握飛鏢或箭一樣,然後用力刺馬鈴薯。

2 丟掉歪掉的吸管!好吧,假如剛剛沒有成功的話……

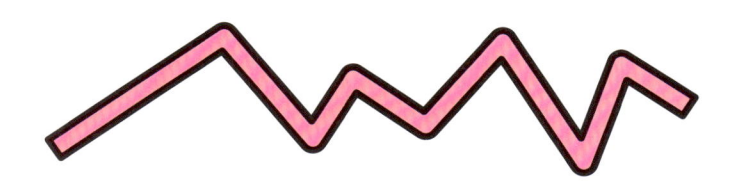

3 用拇指蓋住吸管的頂端,再試一次。

4 這次你將可以順利刺穿馬鈴薯皮。

科學原理是?

一開始吸管可能不容易刺穿馬鈴薯,是因為它不夠堅硬。當你將拇指放在吸管頂端時,空氣就被困在裡面了。當你刺馬鈴薯時,空氣就會急劇壓縮,使吸管硬到足以刺穿馬鈴薯皮。

右或左？

你喜歡你的左側還是右側？這些簡單的實驗會幫助你找出答案。

你需要

- 用來記錄結果的記事本
- 筆
- 尺
- 空的硬紙管
- 一杯水
- 軟球（如 Nerf 球）

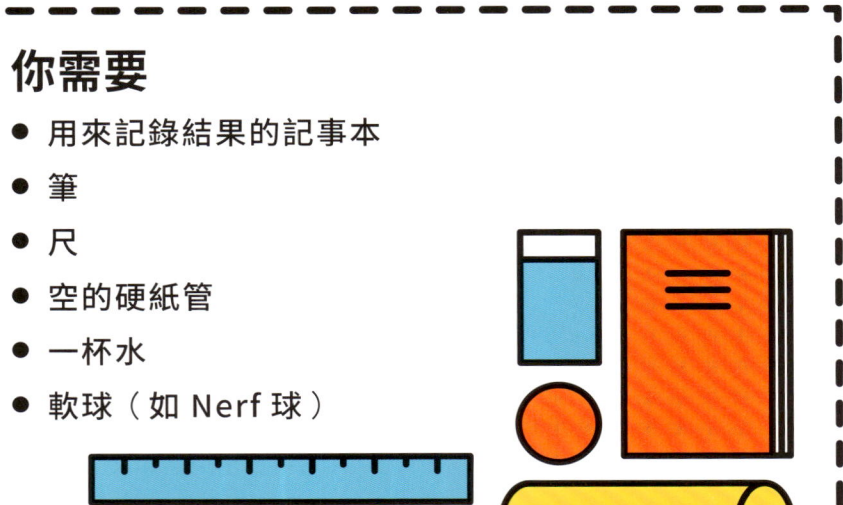

1 在紙上畫出 2 欄，並分別標記為「左」和「右」。使用它們來記錄實驗結果。每回答一個問題，就在相應的欄位中打勾。

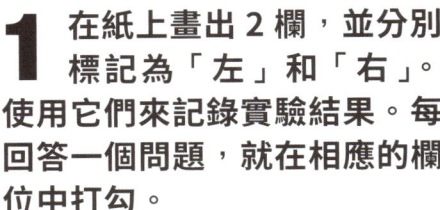

科學原理是？

一些科學家認為，人類的基因偏好慣用右手是意外的結果。事實證明，大腦是交叉的，因此左腦控制著我們身體的右側，反之亦然。左腦也控制了說話和語言能力，少了它，我們可能還住在山洞裡。演化的意思是，如果有什麼東西可以幫助我們生存，那麼我們的孩子和孩子的孩子都將保有這個相同的特徵。隨著時間的流逝，左腦變得越來越發達。這就是導致大多數人慣用右手的原因。

2 眨眼。你用哪隻眼睛？

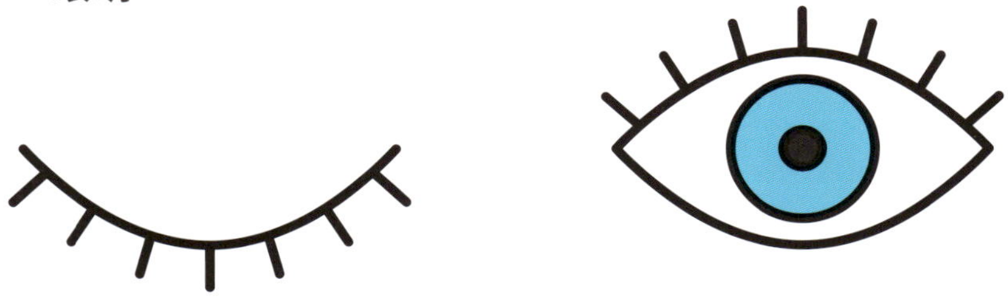

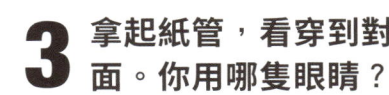

3 拿起紙管，看穿到對面。你用哪隻眼睛？

4 喝杯水。你用哪隻手拿起杯子？

5 丟球。用哪隻手感覺最自然？

6 跑步，然後往前跳。你是用哪條腿起跳的？

7 沿著地面踢球。你用哪隻腳？

現實生活中

全世界的人口中，右撇子佔 90%，右腳則佔 80%，右眼佔 70%。在過去，即使兒童是左撇子，老師也會試著強迫他們用右手寫字，因為左撇子被視為肢體障礙。現在大家認為這樣做會阻礙孩子的自然發育。

8 實驗結束後，看看每欄中有多少勾勾。結果很可能全部集中在同一欄中——可能是右欄。

更進一步

將食指和拇指圈起來。在對面的牆上找一個物體，將它放在手指拇指的圓圈中央。閉上你的左眼，打開然後閉上右眼。如果在閉上左眼時物體移動了，則慣用眼是左眼。如果當你閉上右眼時物體移動，則相反。你可能會發現，雖然你慣用右手、右手臂和右腿，但實際上左眼占主導地位。這很正常。

敲瞬凍

只需輕敲一下，就可以凍結塑膠瓶中的水。

你需要

- 瓶裝水（最好是蒸餾水或過濾水，不要使用礦泉水）
- 冷凍庫
- 有計時器的手錶或電話

1 將 1 瓶水平躺在冷凍庫中。

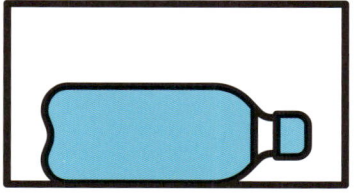

2 等到瓶子已經非常冷但水仍然是液態的狀態。水需要多長時間才能達到合適的結冰溫度，取決於瓶子的大小，因此要不斷的檢查。

3 當你認為水已經快要結冰時，拿出瓶子並在桌上輕敲。

4 如果你判斷正確，瓶子中的水將在你眼前凝結。如果沒有的話，請將它重新放入冷凍庫，然後在幾分鐘後重試。你有可能要試幾次才會成功。成功後，記下結凍要花多久時間。

科學原理是？

自來水在 0°C 時會凍結，因為當中有微小的顆粒和其他雜質。這些物質有助於形成冰的結晶過程。蒸餾水中不含這些雜質，所以它在較低的溫度依然會保持液體狀。但是，當你將瓶子敲在桌上時，釋放出的能量啟動了一個「晶核生成」的過程。當一個結晶形成之後，會迅速引發連鎖反應形成其他結晶——結果就會造成瓶子在你眼前凍結。

2小時
2小時30分鐘
3小時

不可能的飛機

紙飛機需要看起來流線型並符合空氣動力學才能正常飛行……不是嗎？顯然不是！

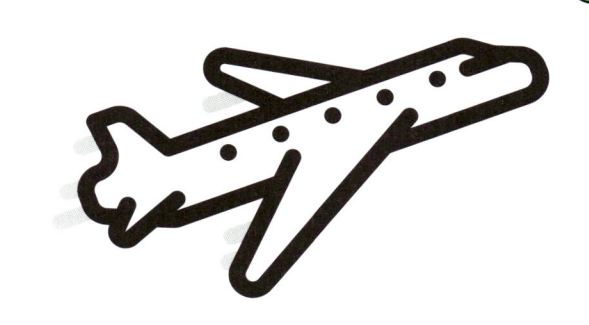

你需要
- 塑膠吸管
- 一些硬紙卡
- 剪刀
- 膠帶

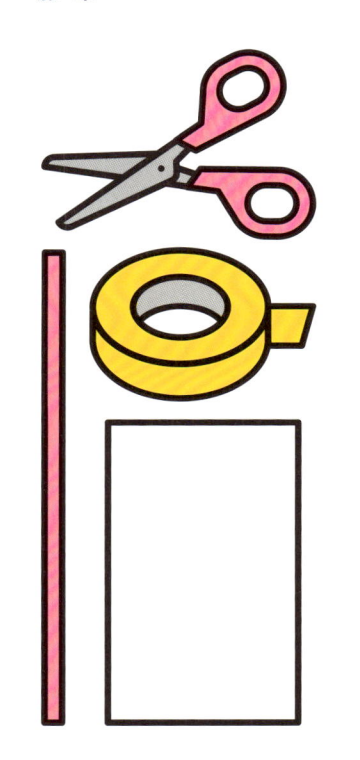

1 將紙卡剪成兩條各約 2.5 公分寬的帶子。其中一條的長度是另一條的兩倍。

2 將較長的帶子彎成一個圓圈，並用膠帶固定末端（確認兩端稍微重疊）。較短的帶子也重複同樣動作。

3 如圖所示，將紙環黏在吸管上。大的在後面，小的在前面。你會發現這架奇形怪狀的飛機比傳統飛機飛得更遠。

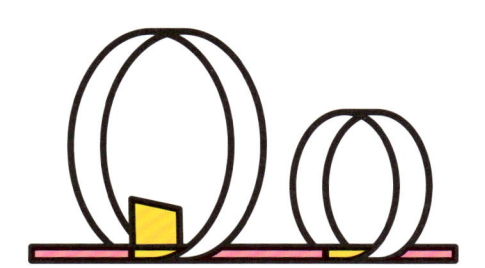

科學原理是？

後方的紙環會產生空氣阻力（稱為阻力 drag），前面較小的紙環則會阻止飛機轉彎，使飛機保持在航線上，飛得更遠。

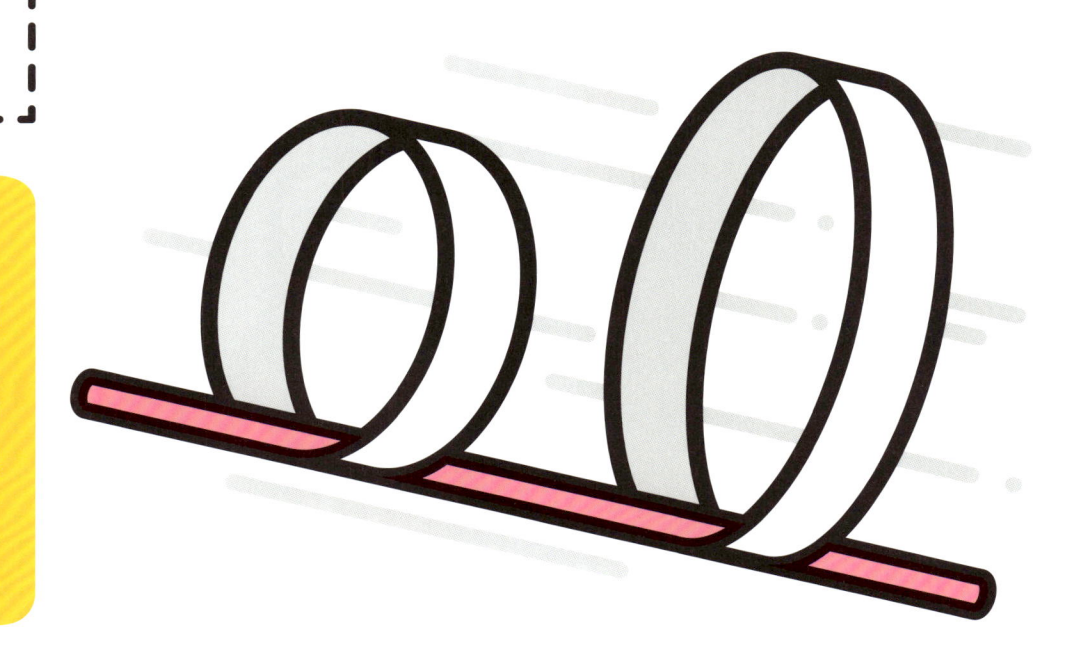

松果氣象站

如這個簡單的實驗所示範的，自然界真的很擅長預測氣象。

你需要
- 一些松果
- 鉛筆和用來記錄天氣預報的紙張
- 模型黏土

1 將松果放在戶外的平坦表面上。使用模型黏土，讓它們保持直立。

2 如果松果合起來，表示即將下雨。

3 如果松果打開，天氣將會變乾燥。（你可能需要等待幾個小時才能看到變化。）

4 在紙上記錄天氣預報，看看是否成真。

科學原理是？

松果內部有小小的種子。天氣乾燥時松果會打開，這樣種子就可以被風吹走，最後掉在地上發芽並長成松樹。當空氣變得潮濕時，通常就是要下雨的預兆，所以松果會關閉起來保護種子不被淋溼，因為濕的種子風吹不遠。

吹紙入瓶

跟朋友打賭，他們不能把紙球吹入一個空瓶子裡。每次你都會贏。

你需要
- 空塑膠瓶
- 揉皺的紙球

1 把紙揉成一團，讓它剛好和瓶口一樣大。

2 請一位朋友用一口氣將它吹進瓶子裡。

3 紙球不會進入瓶子，而是「彈跳」出來。

科學原理是？

雖然瓶子看似是空的，但實際上充滿了空氣。當你對紙球吹氣時，你吹出的氣會在紙球四週流動並進入瓶中產生壓力，這個壓力就足以使紙球彈出。

更進一步

你可能認為，使用吸管將吹氣集中在紙球上就可以成功，但其實不然。試試看！紙球可能會搖晃一下，但馬上會再彈出來。

空氣起重機

這是所謂的氣動機器——由壓縮空氣提供動力的機器。以下是製作的方法。

你需要

- 9 支一般尺寸的美勞木棒（類似冰棒棍）
- 5 支大的美勞木棒（大約兩倍大）
- 遮蔽膠帶
- 2 支拋棄式注射筒（網路上可以買到）；20 ml 尺寸就可以
- 一般白膠
- 一些塑膠軟管（與注射筒尖端相同尺寸）

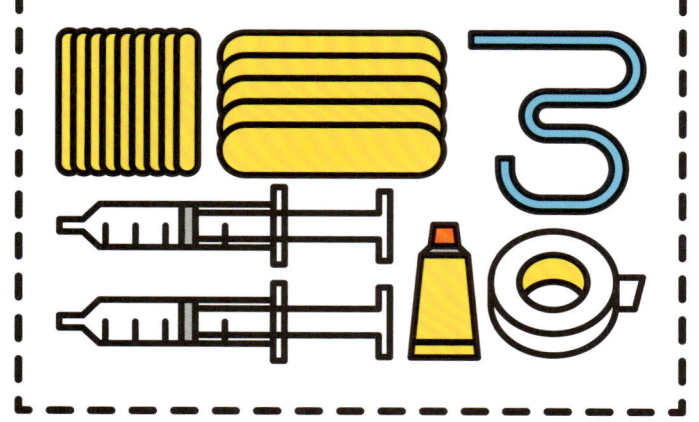

1 首先使用 3 根一般尺寸木棒做成三角形，並用膠帶固定。

2 再做第 2 個三角形。

3 使用最後 3 支一般尺寸木棒和膠帶，將兩個三角形連接在一起。這種形狀將提供你所需的穩定性。

4 用膠帶將一支大木棒黏在三角木構造的前方斜邊上。頂端是否突出不重要。

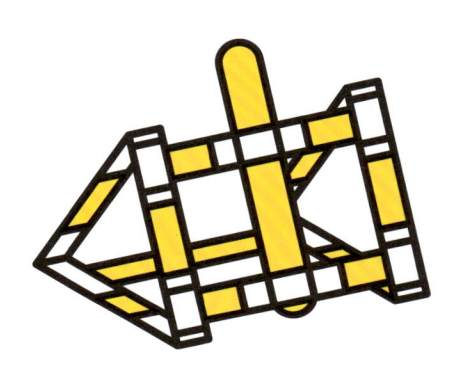

5 拿出第 2 根大木棒，用膠帶黏在第 1 根大木棒的頂部。這裡的技巧是兩支棒子之間要留有足夠的空隙，讓膠帶有鉸鍊的功能。

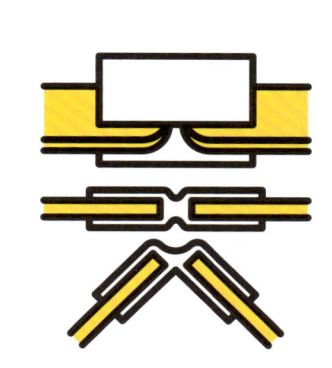

6 拿一支注射筒，將推桿末端（放拇指的地方）黏在剛剛固定好的大木棒的底面（靠近三腳架那面）。

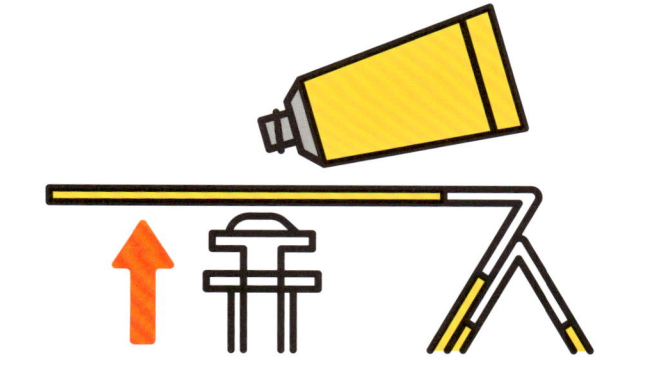

7 確認推桿已經完全推入了，然後將塑膠軟管的一端接在針嘴上。

8 將針嘴和管子貼在裝置的底部。

9 將第2支注射筒的推桿拉出以充滿空氣。用膠帶將它接到軟管的另一端。

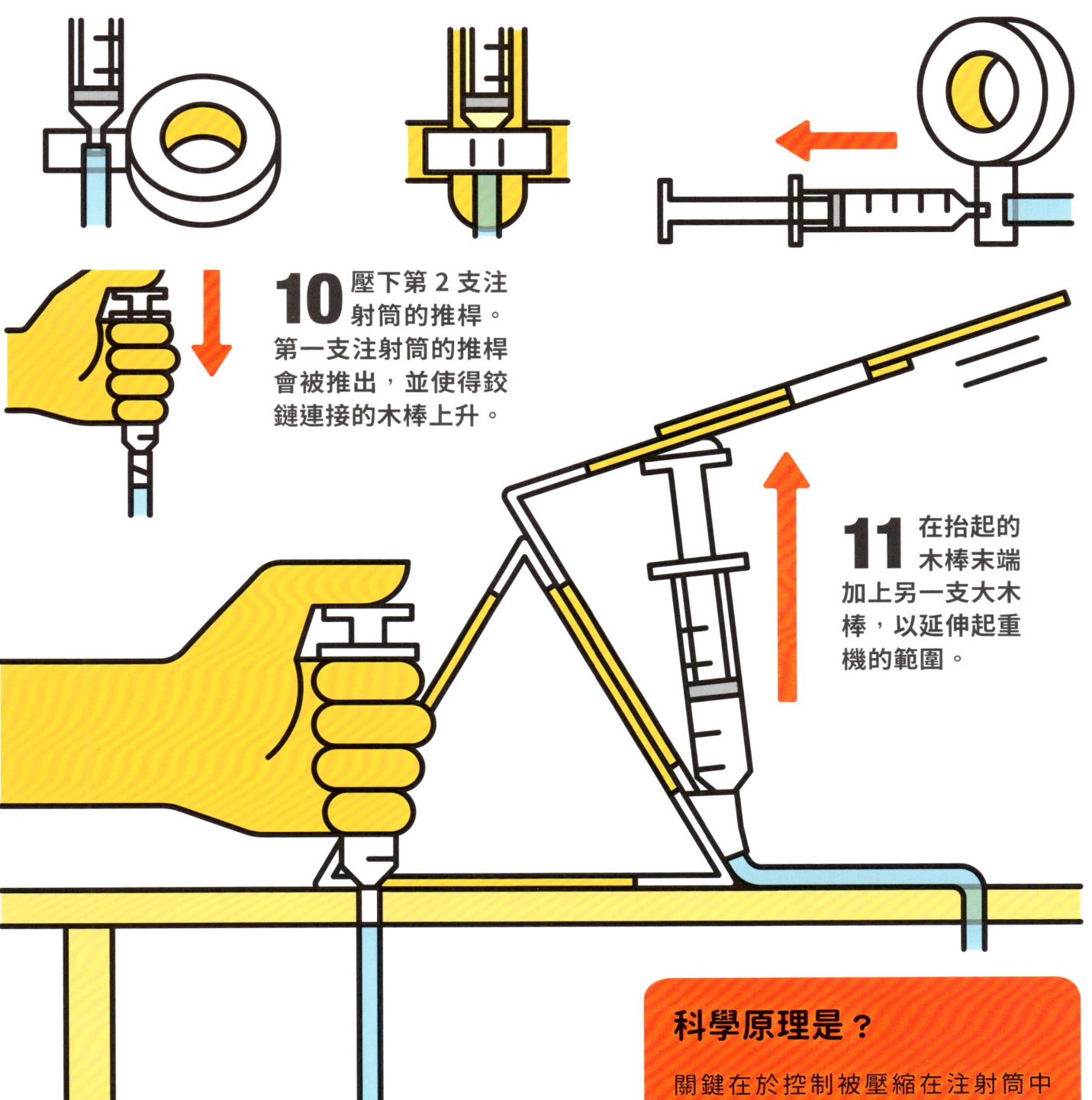

10 壓下第2支注射筒的推桿。第一支注射筒的推桿會被推出，並使得鉸鏈連接的木棒上升。

11 在抬起的木棒末端加上另一支大木棒，以延伸起重機的範圍。

科學原理是？

關鍵在於控制被壓縮在注射筒中的空氣流。將兩個注射筒之間密封，空氣就無法逸出。當空氣從一個注射筒推到另一個注射筒時，它會產生提升起重機所需的升力。

更進一步 試試將迴紋針加到起重機的末端，做成鉤子形狀；或黏上磁鐵來吸起金屬物體。若想獲得更多動力，可試試用水代替注射筒中的空氣。

鹽消失了！

在這個簡單的實驗中，我們要示範如何在不觸摸鹽水的情況下，從鹽水中去除鹽分。

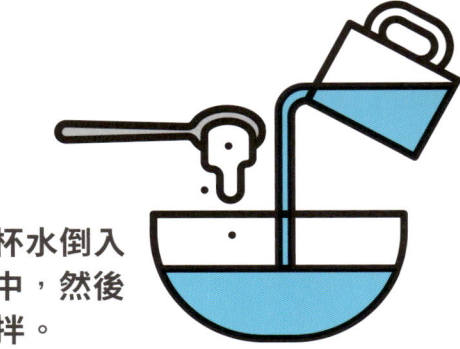

1 將 3 杯水倒入大碗中，然後加入鹽攪拌。

你需要
- 3 杯水
- 小碗
- 大碗（大約 3 倍大）
- 保鮮膜
- 小石頭
- 1 ½ 大匙鹽

2 將空的小碗放入大碗中（不要讓鹽水進入小碗）。

3 用保鮮膜蓋住大碗，密封整個邊緣。

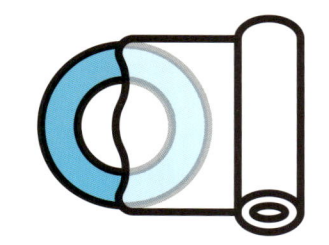

4 將石頭放在膠膜的中央，藉著它的重量使膠膜往下沈，接近空的小碗。

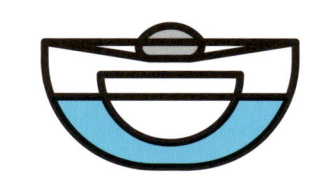

5 小心地將整個實驗放在陽光下，等待一個小時左右。

6 淡水將聚集在保鮮膜下，並滴入小碗中。嚐嚐看！

科學原理是？

太陽的熱量使鹽水蒸發。純淨的水分子蒸發到空氣中，留下鹽分，直到它們碰到保鮮膜。水分子會在那裡凝結形成水滴。這些水滴會沿著膠膜滾落並滴入小碗中——你就得到淡水了！

遠方的雷聲

如何知道閃電離我們多遠？
只要數秒就可以！

你需要
- 遠處的閃電
- 你的腦

1 觀察閃電。

2 當你看到閃電時，開始數秒（一秒鐘、兩秒鐘）。

3 直到聽到雷聲響起，這個時候如果數了3秒鐘，雷雨大約距離我們1公里遠。

如果閃電和雷聲之間沒有間隔，那麼雷雨就在頭頂上。

現實生活中

雖然有些人害怕雷聲，但它的聲音不會傷害你。不過，雷聲來自閃電，而每年都有6,000至24,000人被閃電擊斃。（我們不知道確切數字，因為許多閃電常發生的國家並沒有認真做記錄。）

科學原理是？

光的傳播比聲音的傳播快。閃電和雷聲實際上是同時發生的，我們幾乎可以立即看到閃光，但聲音卻需要更久的時間才能到達。那是因為光以每秒近3億公尺的速度快速傳播，相比之下，聲音僅以每秒340公尺的速度「龜速前進」。

漂浮的 M&M

糖果很好吃,但你知道它們也很適合做科學實驗嗎?這裡有個有趣的小把戲,可以用水和一種受歡迎的糖果來進行。

你需要
- 碗
- 一些水
- 一些 M&M 巧克力

1 將糖放在碗裡,字母向上。

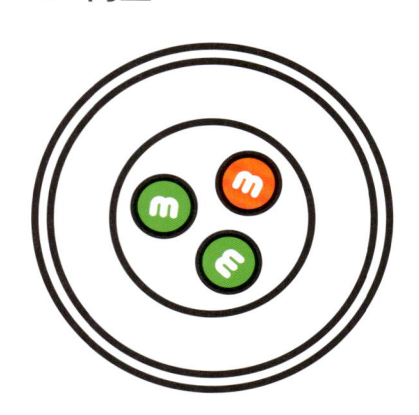

2 小心地加水(試著將水倒在糖果的周圍,避免過多的擾動)。

3 等待 5 至 10 分鐘,然後檢查看看。字母應該會神奇的浮起來。

WOW!

科學原理是?

糖果的彩色糖衣是可溶的,代表它會溶解於水。但是,用來印製 m 字母的可食用紙張並不溶於水。因此當糖果外殼溶解後,m 字母就會升起並浮到表面。

胖手指

有沒有想過一些動物在寒冷的天氣下要如何保持舒適呢？這是牠們的做法。

你需要
- 裝了水的兩個碗
- 冰塊
- 一些動物脂肪（奶油、豬油）

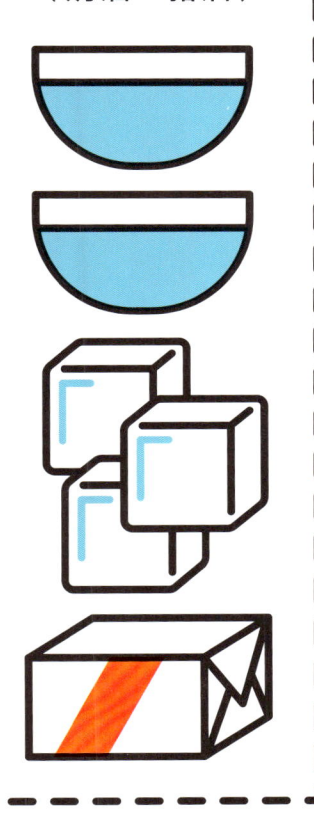

1 將冰塊加到兩個碗中，讓水變冷。

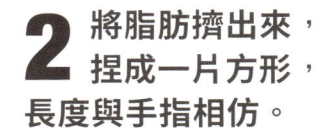

2 將脂肪擠出來，捏成一片方形，長度與手指相仿。

3 用脂肪包住食指，指尖也要蓋住。

4 將這隻手指和另一手的食指同時放入兩碗水中。

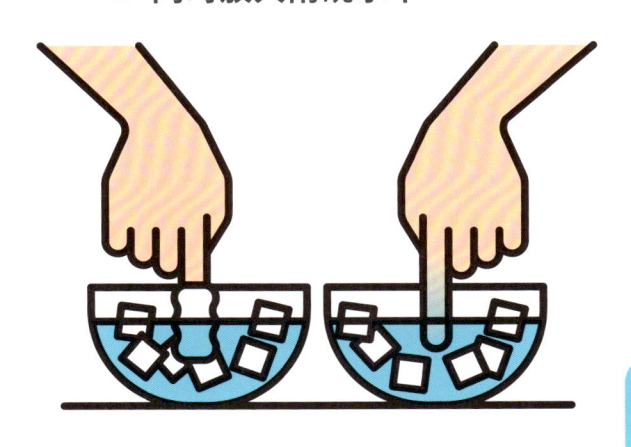

5 很快的，沒有包裹脂肪的手指會凍到必須拿起來。但是另外一隻的感覺如何？

科學原理是？
脂肪是不良導熱體，代表它在冰水中可以禦寒，同時保持手指的自然溫度。

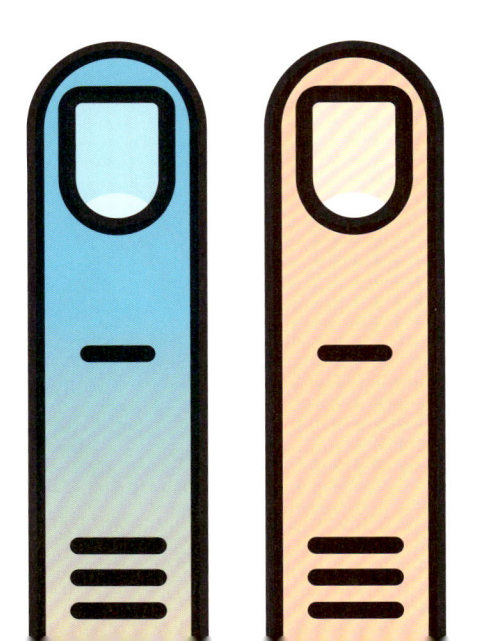

現實生活中
鯨魚的體溫非常接近人類的體溫，介於攝氏36.1至37.8度之間。鯨魚經常在極冷的水中游泳，因此牠們的皮膚下有一層脂肪或鯨脂，可以使牠們保持溫暖。根據季節的不同，鯨脂的厚度可能在15至60公分之間。

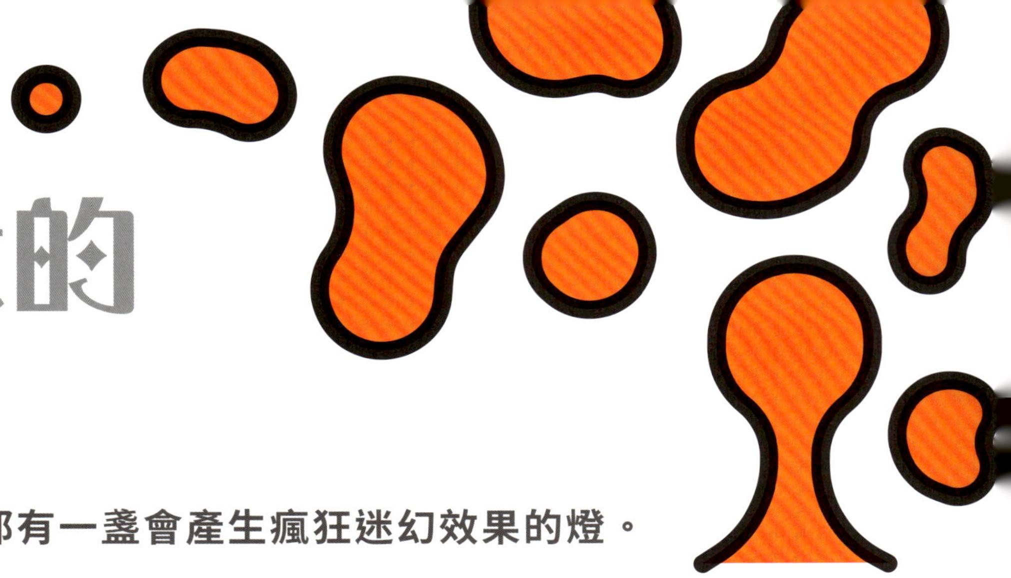

70 年代的熔岩燈

在1970年代，每個人都有一盞會產生瘋狂迷幻效果的燈。以下是DIY的方法。

你需要
- 乾淨的 1 公升保特瓶空瓶
- 塑膠漏斗
- 半杯水
- 1 瓶植物油
- 液體食用色素
- 1、2 顆發泡錠（胃部不適吃的藥片）
- 亮片（可有可無）

1 將漏斗放在瓶口，加水。

2 倒入植物油，直到瓶子快滿為止。

3 等待水和油分離（請參閱「科學原理是？」）。

4 加入大約 10 滴食用色素，然後等待它下降穿過油層，抵達底部的水層。

5 將發泡錠剝成小塊，放入瓶子中。

現實生活中
當油輪擱淺且漏油到海裡時，油會浮在海面，因為它的密度低於水。

6 發泡錠開始冒泡泡的同時，有顏色的泡泡水就會開始上升通過油層。

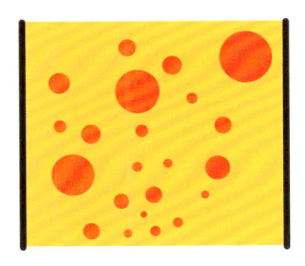

7 調暗室內燈光，用手電筒從側面照亮瓶子。

8 當泡泡停止時，加入更多發泡錠來再次表演燈光秀。

9 要熔岩燈效果更加出色的話，請在混合液體中加入一些亮片，這會產生星星般的閃爍光芒。

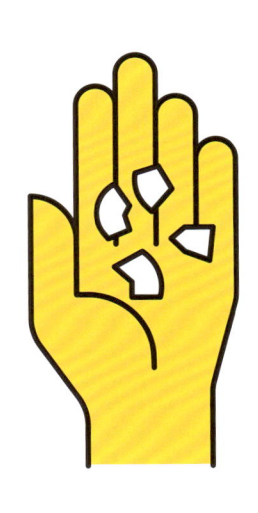

科學原理是？

油和水不會混合，因為組成各物質的分子會吸引同物質的分子，而不是其他物質的分子。油比水黏稠，但密度不高，因此它會「漂浮」在水上。食用色素是水性的，所以會沉到瓶底。當你加入發泡錠時，它們會釋放二氧化碳的氣泡，有顏色的水就會搭上順風車升到表面。當氣泡破裂，氣體散逸，有色水就會再次沉入底部。

更進一步 如果你有玻璃桌，可以將熔岩燈放在桌上，並從底下用一支強光手電筒照上來，看起來就會更棒。關上燈來欣賞壯觀的表演吧！

搖晃的掃帚

只要短短20秒鐘,你就可以讓自己昏頭轉向,直接倒地。屢試不爽!

你需要
- 掃帚或別種桿子
- 很多柔軟的草——因為你會跌倒!

1 握住掃帚的一端。讓它筆直向上,超過你的頭頂。

2 盯著掃帚的頂部,然後原地旋轉一圈。旋轉 10 次會中度頭暈,旋轉 20 次就會得到極致體驗!

3 現在試著走直線。如果跌倒了,試試看能否站起來!

科學原理是?

你的耳朵會負責協助你保持平衡,這要歸功於細小的毛細胞。它們在液體中來回波動,並告訴你的大腦「你在 3D 空間中的位置」。當你旋轉時,這些纖毛都會朝著相同的方向移動,當你突然停下來時,它們需要一段時間才能再次靜止。這就是你需要花一會兒時間才能恢復平衡的原因。

瓶中的氣球

吹氣球很簡單，對嗎？如果是在瓶子裡，可不容易！

你需要
- 空的塑膠瓶
- 剪刀或其他可以在瓶子上打孔的工具
- 氣球

1 請大人幫你在瓶子側面戳一個小孔。它應該大到空氣可以自由進出，但小到可以用手指蓋住。

2 將氣球塞進瓶內，然後拉開氣球嘴，套住瓶口。

3 用手指蓋在瓶子側面的孔上，然後試試將氣球吹起來。辦不到吧？

4 鬆開手指，再試一次。現在氣球變得很容易吹起來了。

科學原理是？

雖然瓶子看起來是空的，但裡面充滿了空氣。當你用手指遮住孔並試圖將氣球吹起來時，空氣無處可去，因此氣球不會膨脹。如果你放開孔洞，你在吹氣球時就會把瓶子中的空氣從孔洞推出來。這便為充氣的氣球騰出了空間。

小蘇打船

沒錯,該來做一艘自己的動力船了!

你需要
- 有蓋的空水瓶
- 可以在瓶蓋戳洞的工具
- 塑膠吸管
- 萬用黏土
- 1 又 1/2 杯白醋
- 1 大匙小蘇打
- 有水的浴缸

1 請大人幫你在瓶蓋上戳一個只夠容納吸管的洞。

2 將吸管切成兩半,然後把它塞進剛剛打好的洞中,並凸出瓶蓋幾公分。

3 使用萬用黏土將吸管固定在瓶蓋的內部和外部。

4 將白醋倒入瓶中。

5 加入小蘇打,快速將瓶蓋轉緊,然後將瓶子平放在浴缸中。

6 快艇啟動了!

科學原理是?

醋是酸,小蘇打是鹼。當你將它們混合在一起時,它們會彼此中和並釋放出二氧化碳。氣體會從吸管排出,在水中產生氣泡,並將船往前推。

造雨人

這個簡單的實驗示範了雨水是如何形成的。
你需要大人的協助。

你需要
- 裝滿水的小湯鍋
- 金屬托盤
- 大量的冰塊
- 隔熱手套

1 請大人協助你將鍋中的水燒開。

2 將冰塊倒在金屬托盤上。

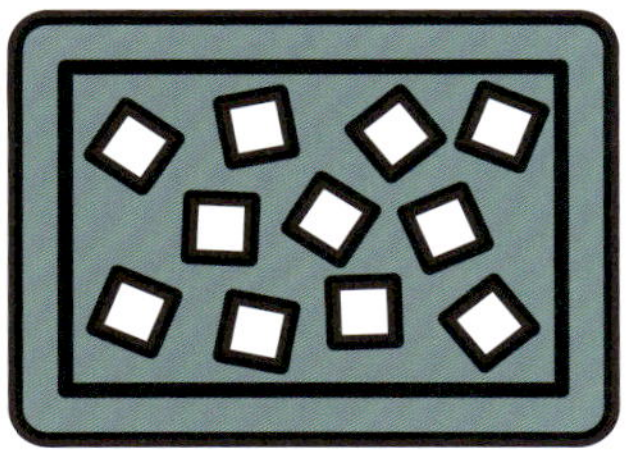

3 戴上隔熱手套,將裝冰的托盤拿到滾水湯鍋上方。

4 觀察水滴在托盤下快速形成,然後再以「雨水」的形式落入鍋中。

現實生活中
這正是雨形成的方式。太陽會蒸發水份,上升的蒸汽遇冷凝結成雲,最終下雨。

科學原理是?
由於有冰塊,金屬托盤的表面仍然很冷。當蒸汽從沸騰的水中升起時,蒸汽會在盤底凝結形成水滴,然後像「雨」一樣滴回到鍋裡。

自製冰淇淋

這是我們一直在等待的實驗——
自製美味冰淇淋的秘訣。耶！

你需要

- 2 個 1 公升夾鍊冷凍袋
- 1 個 4 公升夾鍊冷凍袋
- 1/2 杯牛奶
- 1/2 茶匙香草精
- 一大匙糖
- 四杯碎冰
- 四大匙鹽（是的，鹽！）
- 手套

科學原理是？

冰淇淋混合物周圍的冰塊降低了溫度，但真正的關鍵是加鹽。在冰上加鹽可以降低冰的凍結溫度，使周圍的冰袋變得非常冷，冷到足以讓內袋的混合物變成冰淇淋。如果不加鹽，溫度將不會下降到足以做出冰淇淋的程度，材料也將維持在冰沙的狀態。這樣就沒有冰淇淋可吃了！

1 拿一個 1 公升夾鍊袋，將牛奶、香草精和糖混合在一起。

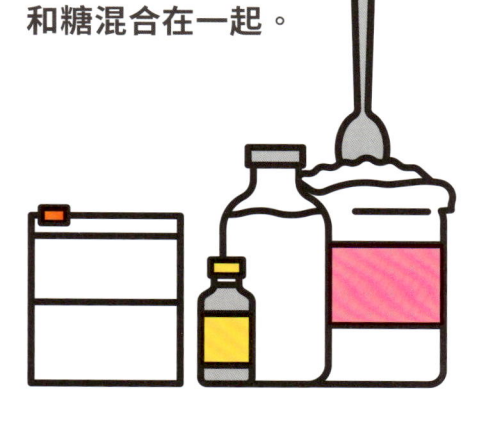

2 混合好之後，將袋中的空氣盡量擠出來再密封。

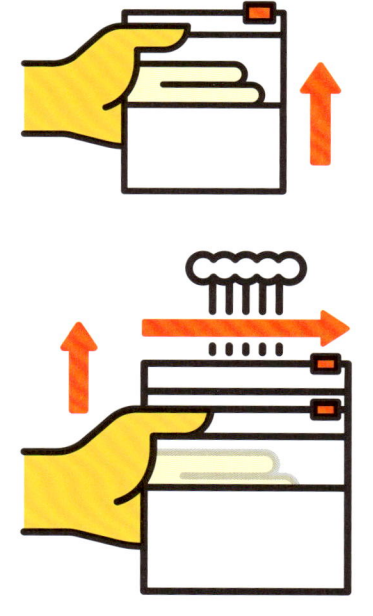

3 將密封好的袋子放進另一個 1 公升的袋子中。

4 再一次，將袋中的空氣盡量擠出來並密封。

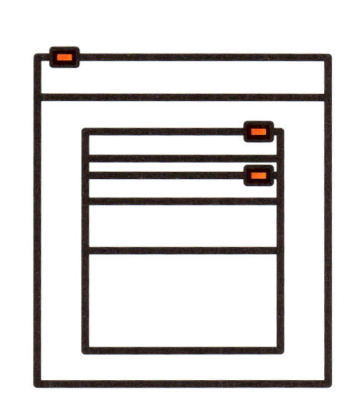

5. 將密封好的 1 公升袋子放進 4 公升的袋子中。

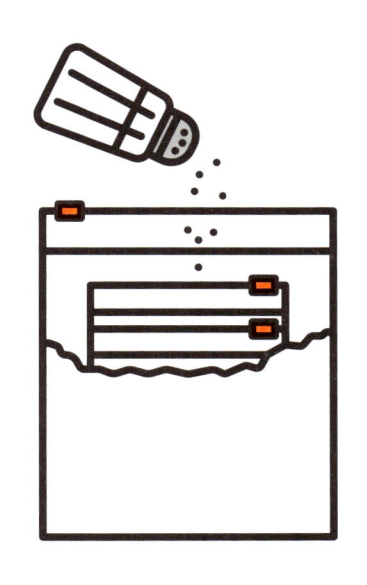

6. 在這個袋子裡裝滿碎冰，然後把鹽撒在冰上。

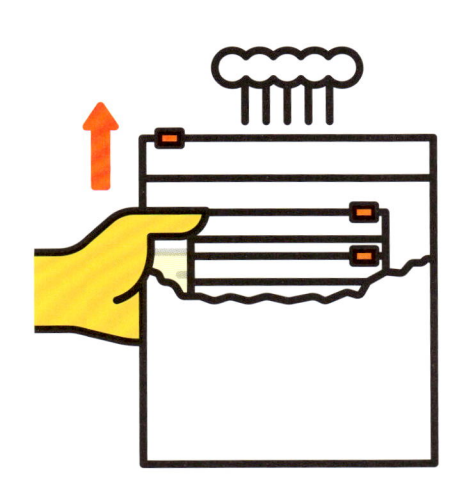

7. 盡可能地擠出空氣，把這個袋子也密封起來。

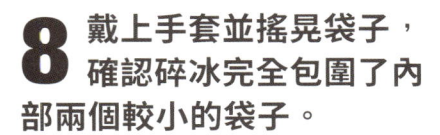

8. 戴上手套並搖晃袋子，確認碎冰完全包圍了內部兩個較小的袋子。

9. 繼續搖晃。大約七或八分鐘後，你就能夠判斷混合物是否開始感覺像冰淇淋。如果是的話，打開所有袋子，拿起湯匙！

更進一步

不喜歡香草冰淇淋嗎？想要更有趣的口味？加入巧克力碎片或碎糖粒、堅果或巧克力糖漿。

現實生活中

1904 年在聖路易斯世界博覽會上，有一個冰淇淋攤用光了盛裝冰淇淋的碗。多虧隔壁攤賣的酥脆餅乾（有點類似鬆餅）解救了他。他們一起做出了第一支蛋捲冰淇淋。

消失的把戲

使某樣東西消失有多容易?在科學的幫助下,事實證明這其實很容易……

你需要
- 大號 Pyrex 玻璃燒杯(尺寸要足以將試管放入其中)
- Pyrex 玻璃試管
- 植物油

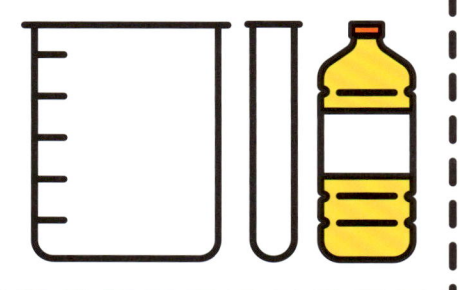

1 拿起試管,放進燒杯。清晰可見,對吧?

2 取出試管,在燒杯中注滿植物油。

3 將試管放到燒杯中,直到它被油遮住。當你這樣做時,它會在你眼前消失!

科學原理是?

通常光會從物體反射回來,這就是我們看到物體的方式。但是,當光在介質(形容油和空氣等不同「東西」的花俏用語)之間移動時,光會改變速度。雖然有些光仍會反射,但有些會折射,也就是沿著邊角彎曲。很巧的是,耐熱玻璃和植物油具有相同的折射率。這代表著光以完全相同的速度穿過兩者。將它們放在一起時,光線既不會反射也不會折射。即使你知道 Pyrex 試管在那裡,它也會「隱形」!

WOW!

多少立方體？

在圖中觀察同一組立方體，但每次看到的方形數量都不同？怎麼可能呢？

你需要
- 鉛筆
- 尺
- 蠟筆
- 1 張紙

1 你可以只用此頁的圖形，但是要得到完整效果的話，請自己複製形狀。

2 依照圖形中的圖案，用你最喜歡的三個顏色為正方體的各面上色。

3 第一次檢視圖形時，將焦點放在起點 1，然後計算立方體的數量。共有七個。

4 接著，用一樣的方式，將焦點改放在起點 2。這次只有六個。

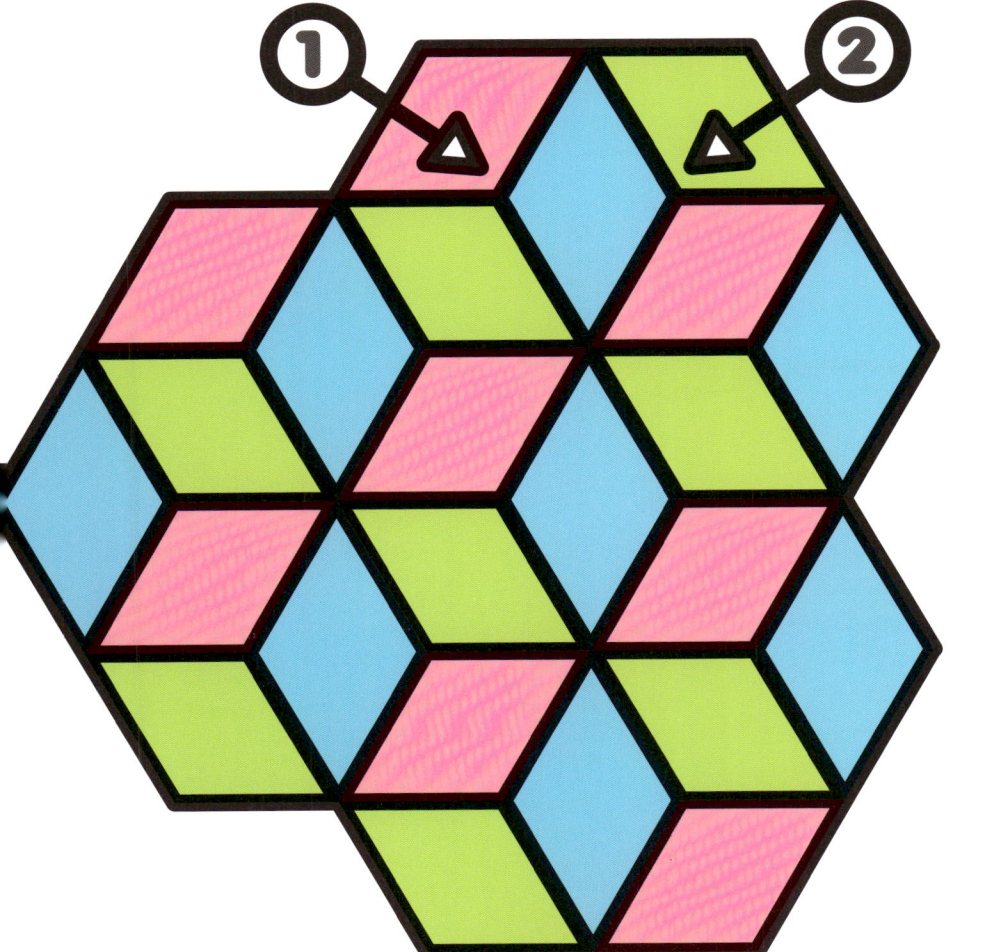

科學原理是？

這是二維圖形，因此有寬度和高度。由於繪製方式的原因，你的大腦會想要將它變成三維——寬度、高度和深度。根據你的視線「落下」的位置，你可能會先在第一行看到兩個立方體，然後繼續計算出總共七個。或者，也許你會只看到一個立方體，然後繼續數出六個。

我的袋子不會漏！

當你在裝滿水的袋子上戳個洞，你預期水會湧出，對嗎？也許不會喔…

1 將水倒入袋子中。

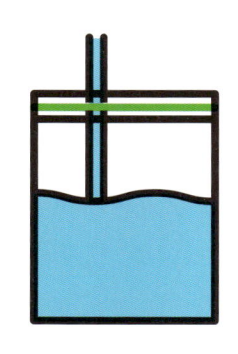

2 將袋口密封。

你需要
- 夾鍊袋
- 銳利的鉛筆
- 水
- 水灑出來也不要緊的空間

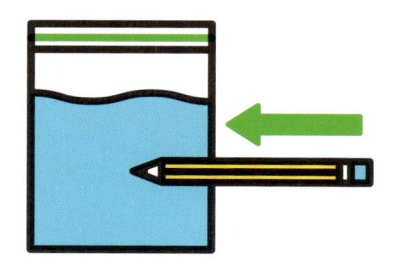

3 請一位大人拿著袋子，讓你用鉛筆在袋子上戳一個洞，並將鉛筆穿出另一邊。快速執行此操作──如果需要多試幾次也沒有關係。

OMG!

4 水不會從袋子中漏出！

科學原理是？

袋子中的塑膠由聚合物（polymer）製成。（Poly 表示「許多」，mer 表示「部分」。）聚合物之所以特殊，是因為它們是由長而柔韌的分子鏈製成的。當鉛筆尖刺穿袋子時，聚合物會膨脹，在鉛筆周圍形成密封並阻止水漏出。

隱形墨水

如果你想將秘密消息寫給你的朋友，那麼這個簡單的實驗將正合你意。

你需要
- 半顆檸檬
- 碗
- 湯匙
- 水
- 棉花棒
- 白紙
- 白熾燈泡

1 將檸檬汁擠入碗中。把籽取出。

2 加入幾滴水做成「墨水」。

3 將棉花棒浸入「墨水」中。

4 在紙上寫下訊息。多寫些好話！

5 乾燥後，將你的訊息拿給朋友。要閱讀的話，請他們找一位大人將紙拿到白熾燈泡上。謎底將會揭曉！

現實生活中
如果將檸檬放在陽光下的窗台上，則可以看到另一個範例。由於氧化，它將變成褐色。

科學原理是？
檸檬汁含有碳化合物，無色。但是當你加熱時，它們會氧化並變成褐色——這就是將訊息拿到燈泡上時可以看到文字的原因。

製作水車

在蒸汽和電力出現前，水被用來當作動力來源。這台簡單的機器將示範如何使用它來舉起一個很重的金屬墊圈。

你需要

- 塑膠空線軸（來自縫衣線或膠帶）
- 拋棄式塑膠杯
- 塑膠吸管
- 工業用膠帶
- 釣魚線或牙線
- 金屬墊圈
- 空的 2 公升保特瓶
- 剪刀和美工刀

1 如果塑膠杯口有突起，請大人協助修剪。

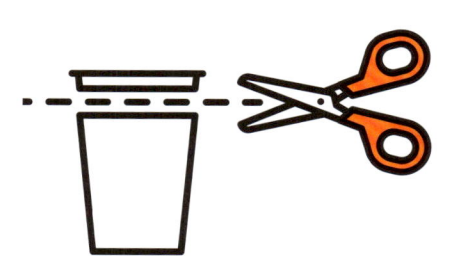

2 從杯口向下測量大約 3 公分，然後剪下一整圈，這樣你就得到了一個塑膠圈。

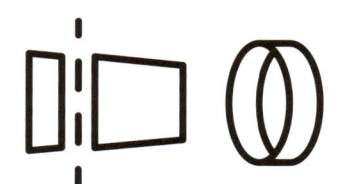

3 測量線軸的高度，然後將塑膠圈切成六個和線軸等高的矩形。

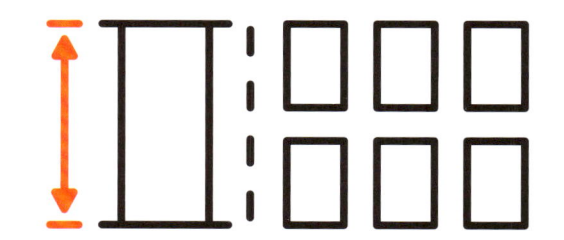

4 將這六片「葉片」用膠帶黏在空線軸上，確認它們分佈均勻。這就是你的水車。

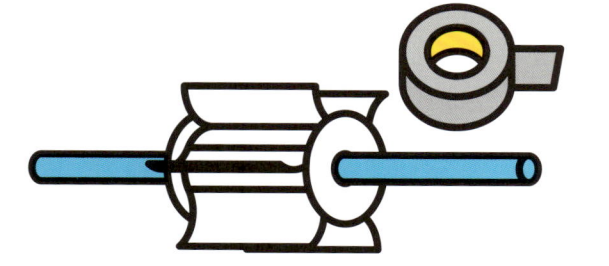

5 將吸管穿出空捲軸中間的洞，然後用膠帶固定。

現實生活中

水車使用了數百年。磨坊用它們磨麵粉製作麵包，有些人則磨碎木頭來製作紙漿。

6 請大人協助割開飲料瓶的頂部，留下一個瘦長、可直立的「水箱」。

7 現在，請他們在瓶子的頂部切出幾個 V 形缺口，以便將吸管放在上面。

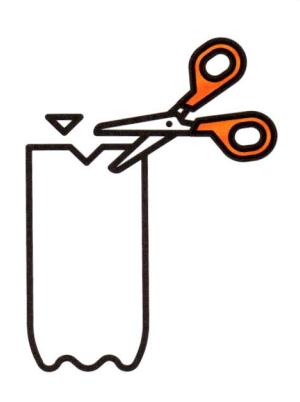

8 在瓶子底部附近的側面打六個洞（使水排出）。

9 用膠帶纏住吸管的一端，然後將釣魚線（或牙線）綁在那些膠帶上。釣魚線要稍稍比瓶子高度長。

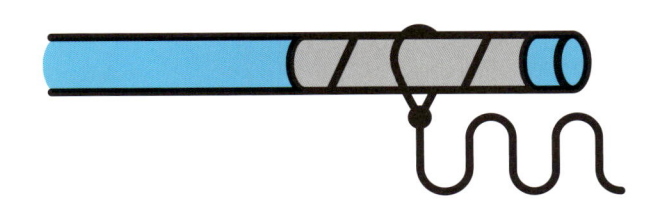

10 將釣魚線的另一端綁上厚重的墊圈。

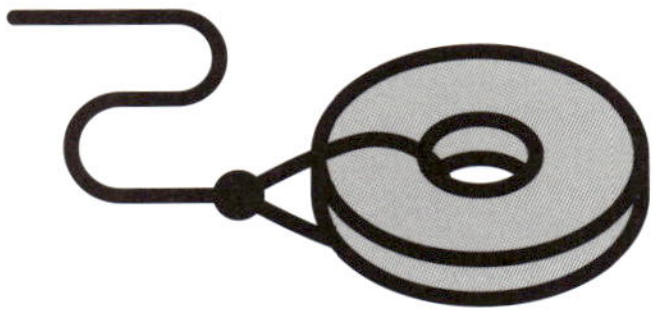

11 將水車（空線軸和吸管）放在瓶子頂端。

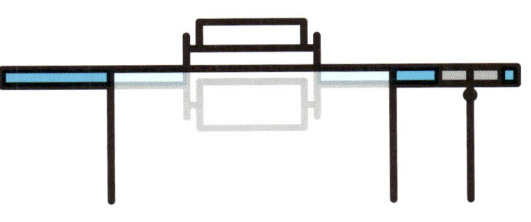

12 將瓶子放在水槽的水龍頭下。輕輕地打開水龍頭，然後觀察會發生什麼事！

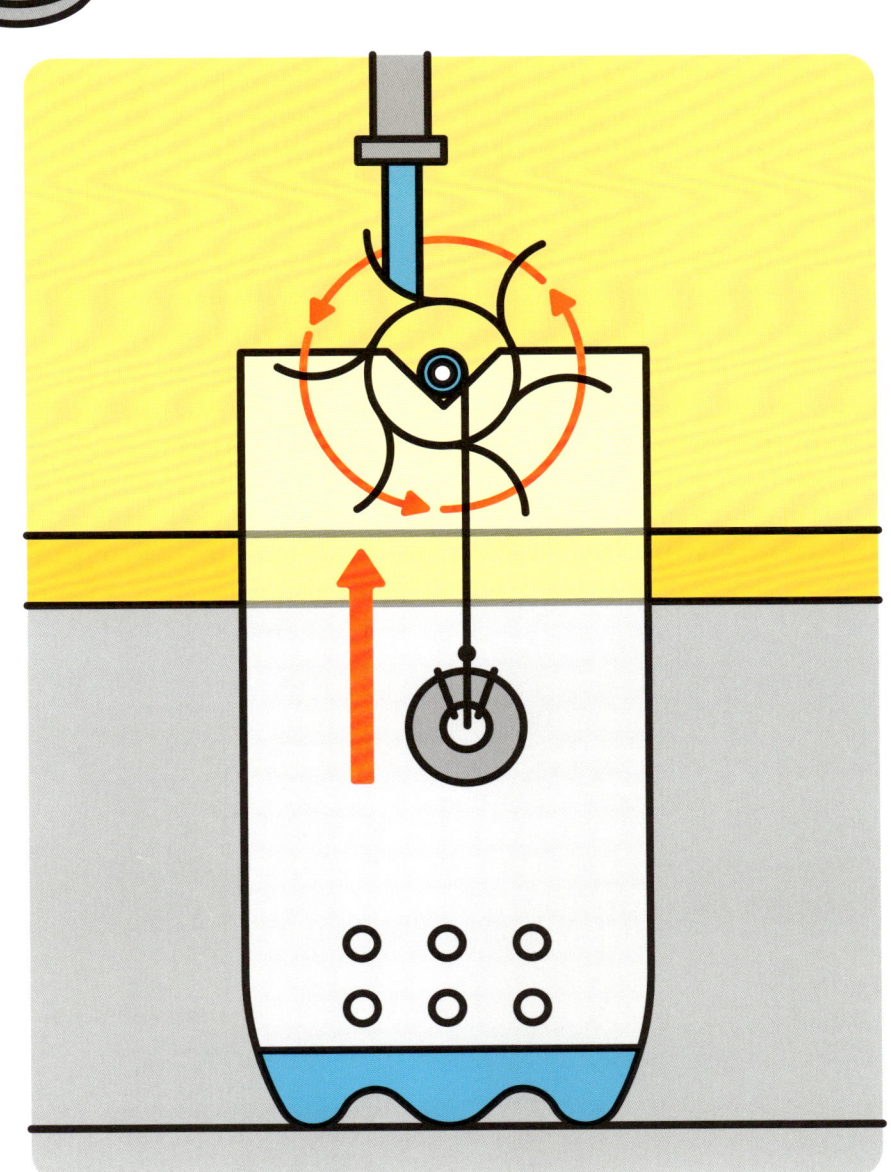

科學原理是？

這完全是工程學。當水龍頭的水沖擊葉片時，它會將葉片推下，輪子開始轉動。當輪子轉動時，線會纏繞在吸管上，將沉重的墊片抬到空中。

走迷宮的植物

這是「訓練」植物穿過迷宮生長的方法。

你需要
- 鞋盒
- 一些硬紙板
- 剪刀
- 膠帶
- 室內植物

1 在鞋盒的一端切一個洞，大約 3 或 4 公分寬。

2 切一些硬紙板，在盒子裡做出兩三道「半面牆」。牆只須到箱子寬度的一半。

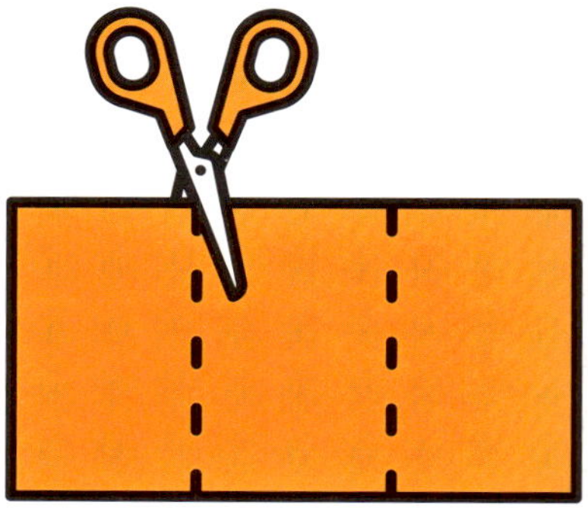

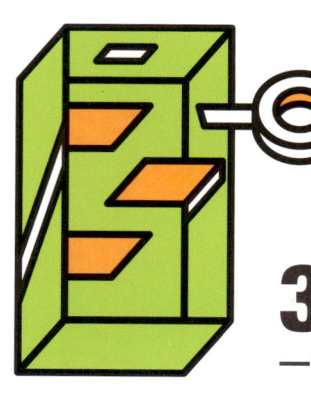

3 用膠帶固定這些半面牆，將它們交錯放置，先在盒子一側，然後另一側，然後再回到同一側。

4 幫植物澆水，然後將它放到盒子有打洞的對面那一端。

5 蓋上蓋子，將鞋盒立放在陽光充足的地方。

6 可能需要四到五天，但最後植物會從洞口冒出來。

科學原理是？

會發生這種情況是因為植物成長需要陽光，因此自然會朝著光源生長──在這個實驗中，就是透過鞋盒的洞進入的光。這種「朝著光生長」的特性被稱為向光性。

硬幣變綠

這個簡單的實驗將展示如何讓硬幣從銅色變綠色。

你需要
- 硬幣（必須是 1 元硬幣）
- 一些白醋
- 碗
- 一張廚房紙巾

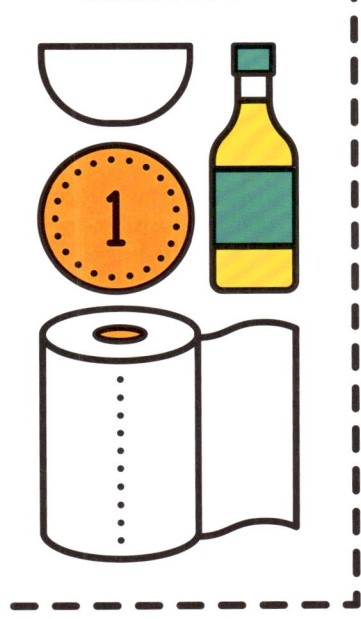

1 將廚房紙巾放在碗中，然後將硬幣放在上面。

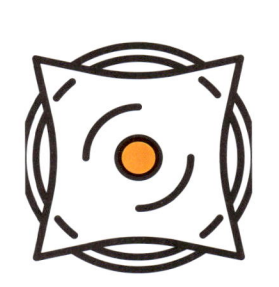

2 小心地將白醋倒在硬幣和廚房紙巾上，使廚房紙巾浸透。

3 放置幾天，然後將硬幣翻過來，並加入更多的醋。

4 看看硬幣神奇地變成綠色！

現實生活中

紐約的自由女神像的外層是銅。它與空氣（和污染）結合起來形成了銅綠，這就是為什麼它呈現一種獨特的綠色。

科學原理是？

硬幣之所以會變成綠色，是因為它是以銅製成的。當你加入醋時，它會與空氣發生反應，產生一種稱為銅綠的藍綠色化合物，將硬幣包覆起來。

悅耳的管子

這個簡單的實驗讓你能使用普通的塑膠管來製作音樂。

你需要

- 約 1 公尺長的塑膠軟管（內部有波浪結構的那種，有時也稱為蛇管）
- 塑膠袋（可有可無）
- 膠帶（可有可無）

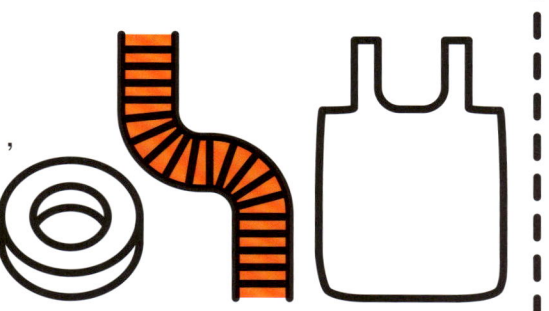

1 握住軟管的一端，開始繞圈旋轉。

2 到達一定的速度時，你會聽到一個聲音。

3 試著加快或減慢旋轉速度，看看是否可以改變音調。

科學原理是？

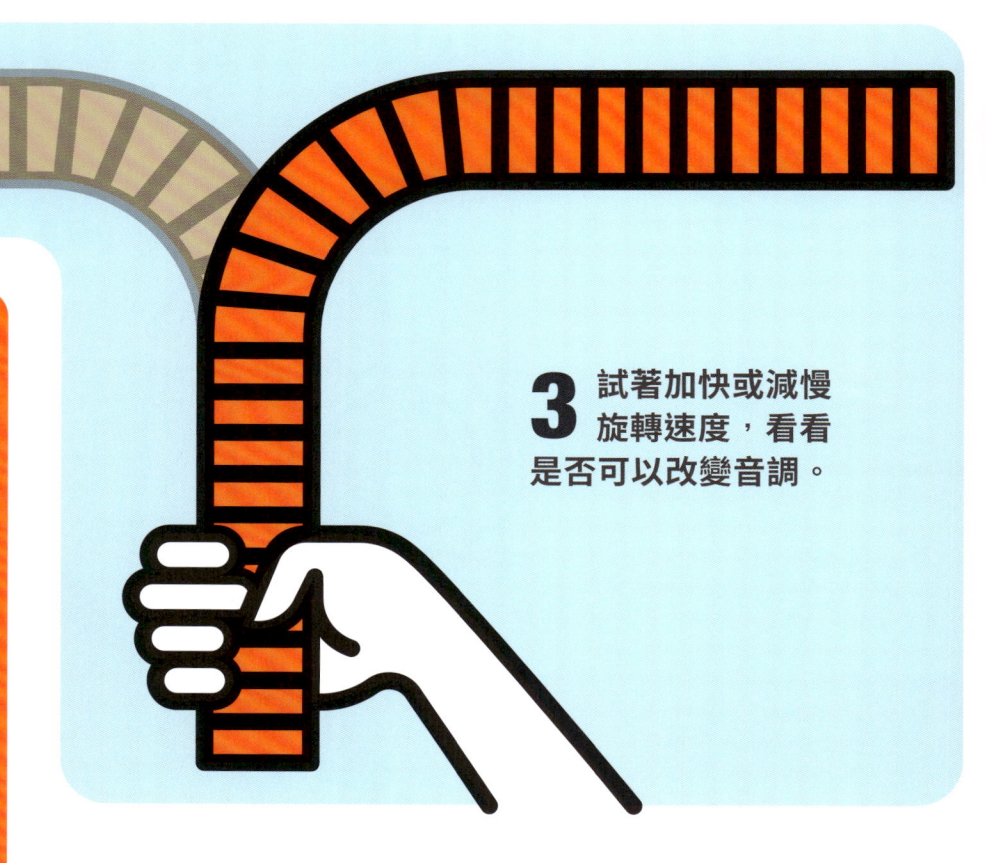

管的遠端移動得比手握住的這端快，造成遠端的氣壓較低。空氣總是從高壓移動到低壓，因此它會流竄過管子。這就是波浪結構發揮作用的時候了！空氣分子從波浪結構上反彈，形成微小的渦流（如微型旋風），並以軟管的原有頻率振動。當你用裝滿空氣的袋子蓋住末端時，空氣一跑光聲音就會停止。沒有空氣 = 沒有聲音。

更進一步 用膠帶將塑膠袋黏到管子的一端，然後從另一端吹氣使塑膠袋膨脹。現在，握住袋子那端的管子，開始繞圈旋轉。你會聽到一個聲音，接下來隨著塑膠袋中的空氣被吸出，聲音將會消失。

彈跳膝蓋

讓我們來研究看看，為什麼當有人輕敲你的膝蓋下方時，你無法保持腿部不動。

你需要

- 可以坐下的椅子
- 你的手

1 坐在椅子上，雙腿交叉，使上方的腿可以在底下的腿上自由擺動。

2 用力敲打上方膝蓋下面一點點的地方。用你的掌側，像空手道劈磚一樣。

3 無論你想不想，你的小腿都會向上踢。

科學原理是？

當你站立時，你的肌肉一直在伸展和收縮，避免你跌倒。膝蓋以下的肌腱（這就是你要敲打的地方）連接到大腿頂部的大肌肉。當你敲肌腱時，它會拉伸肌肉，然後立即收縮以抵消拉伸來保持平衡。但是因為你是坐著，因此小腿會踢向空中。

電力檸檬

你知道你可以用檸檬產生足夠的電力來為小燈泡供電嗎？好，你現在知道了！

你需要

- 4 顆檸檬
- 4 個硬幣（銅幣）
- 4 根鍍鋅地釘（有時稱為耐腐蝕釘）
- 5 條鱷魚夾電線
- LED 燈
  （底部有兩條小電線的那種）
- 刀子

1 請大人協助你在檸檬上切一個硬幣大的口。

2 如圖所示，將釘子和硬幣插入檸檬中，一半露在外面。重要的是釘子和錢幣不能互相接觸。

3 在剩下的 3 個檸檬上重複步驟 1 和 2。

4 排好檸檬。將鱷魚夾電線的一端夾在最左側檸檬的釘子上。

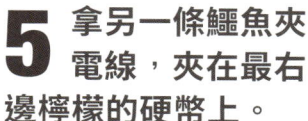

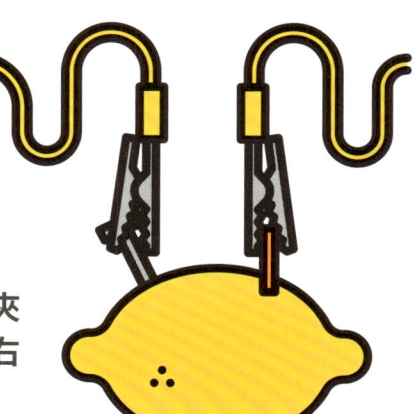

5 拿另一條鱷魚夾電線，夾在最右邊檸檬的硬幣上。

6 現在，照順序使用其餘的鱷魚夾將檸檬串在一起：硬幣到釘子，硬幣到釘子，硬幣到釘子。

7 現在所有檸檬都連接起來了，而且兩端都有各剩 1 個夾子。

8 找出連接到釘子上的夾子，將它夾在燈泡伸出的兩根小電線中較短的那一根上，這是負極。

9 將剩下的夾子連接到燈泡較長的電線上（你猜對了，這是正極）。

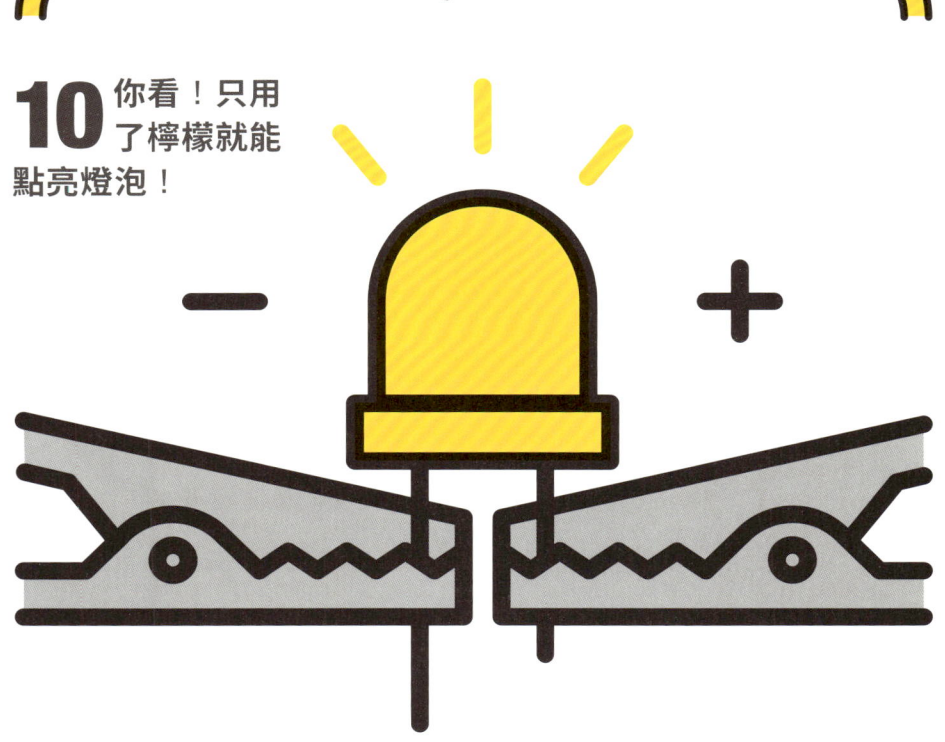

10 你看！只用了檸檬就能點亮燈泡！

科學原理是？

所有電池（無論是在店裡買的還是用檸檬做的）運作方式都相同——當電池內部的電子能夠在負極和正極之間自由流動時，它們所含的化學物質就會相互反應以產生電。當你將兩條電線連接到 LED 燈泡的負極和正極來完成電路時，就會發生這種情況。在這個實驗中，釘子是負極，硬幣是正極。每顆檸檬、硬幣和釘子只產生大約一伏的電壓，這就是我們需要四組來點亮 LED 燈泡的原因。

驚嚇的黑胡椒

黑胡椒？你以為它很強，什麼都不怕對吧？
好，讓我們來瞧瞧⋯

你需要
- 半碗水
- 黑胡椒粉（瓶裝）
- 牙籤
- 洗碗精

1 將黑胡椒粉灑在水上，輕輕覆蓋整個表面（或至少覆蓋大部分）。

2 將牙籤的一端浸入洗碗精中。

3 小心翼翼的，將有洗碗精的尖端接觸水面（最好是碗中央的位置）。

4 黑胡椒一哄而散，好像嚇壞了！

科學原理是？

水分子之間的吸引力非常強烈，這產生了一種稱為表面張力的現象。加入一滴洗碗精會破壞表面張力，但水分子會繼續相互吸引。由於水無法與洗碗精「競爭」，因此會離開洗碗精並相互靠近，也順便把黑胡椒帶著走了。

HELP!

更進一步 當你倒水滿出杯子時，你會看到表面張力正在發揮作用。水會從杯口突出來。

為什麼一定要刷牙

刷牙和蛋有什麼關係？把蛋放在可樂裡一個晚上，你就會明白的。

你需要
- 白殼水煮蛋
- 玻璃杯
- 有氣泡的可樂
- 牙刷和牙膏

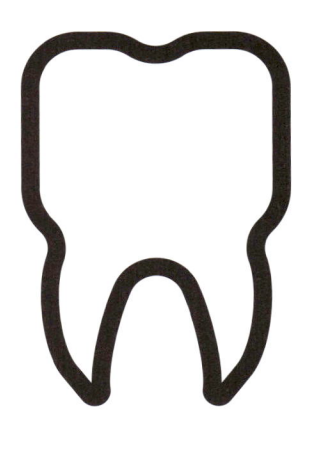

1 請大人幫忙煮一顆白色水煮蛋，然後將它放入空杯子中。

2 將可樂裝滿玻璃杯，放置過夜。

3 隔天早上，將可樂倒掉。

4 蛋會變成咖啡色。

5 用牙膏刷蛋殼，把污漬去掉。

科學原理是？

蛋的外殼與牙齒的外殼很像，稱為琺瑯質。如果你不刷牙，那麼可樂中的暗褐色化合物將被琺瑯質吸收。你的牙齒將變成（而且保持）咖啡色。

別弄濕

沒有人喜歡弄濕……哈，別開玩笑了，
每個人都喜歡弄濕，這就是為什麼你會討厭這個實驗。

你需要
- 把手很堅固的水桶
- 一些水
- 戶外空間（以免弄濕）

1 將水倒入水桶至半滿。

2 站在乾淨、開放的空間中，然後開始將水桶在你面前旋轉一圈，就像用手臂在畫時鐘一樣。

3 即使水桶幾乎在你的正上方，水也不會掉出來。

科學原理是？

如果你是將身後的水桶甩到前面然後放開，水桶和裡面的水都會飛離你。但是，因為你不斷抓著把手甩動水桶而且不放手，因此施加了所謂的向心力——將水桶拉向一個假想的中心點。所以只要你的動作夠快，水會永遠留在桶裡，不會落在你的頭上！

太陽系星圖

這是一個非常有趣的實驗，可以幫助你了解太陽系實際上有多大。

你需要
- 8 張 A4 紙
- 剪刀
- 運動場或公園
- 8 個朋友
- 鉛筆

1 使用此頁的表格來繪製代表每個行星之比例模型的圓，然後剪下來。

行星	直徑（公里）	直徑（公釐）	距太陽的距離
水　星	4900	4.9	1
金　星	12,000	12	2
地　球	13,000	13	3
火　星	6800	7	4
木　星	140,000	140	13
土　星	120,000	120	25
天王星	51,000	51	50
海王星	49,000	49	78

2 在每個圓形上寫下行星的名稱，並分發給朋友們。

3 現在到外面。你是太陽，所以請朋友分別移動正確的步數（請見表）遠離你，你對太陽系到底有多大就會有些概念。

科學原理是？

因為我們無法讓一個人抱著海王星走 45 億公里，所以必須使用比例尺，讓一個小尺寸代表一個大上許多的尺寸。在這個例子中，一步等於 5800 萬公里。同樣的，我們無法畫出直徑 13,000 公里的圓，因此我們將太陽系中每個行星的實際直徑除以 10,000，最後得到的圓就夠小，可以握在手中！

冰棒橋

用脆弱的冰棒棍做成的東西要如何承受沉重的重量呢?這與三角形和設計有關。

你需要
- 約 100 根冰棒棍（可以使用文具店買的美勞木棒）
- 膠水
- 膠槍（可有可無）
- 束線帶
- 剪刀
- 尼龍線
- 釣魚秤

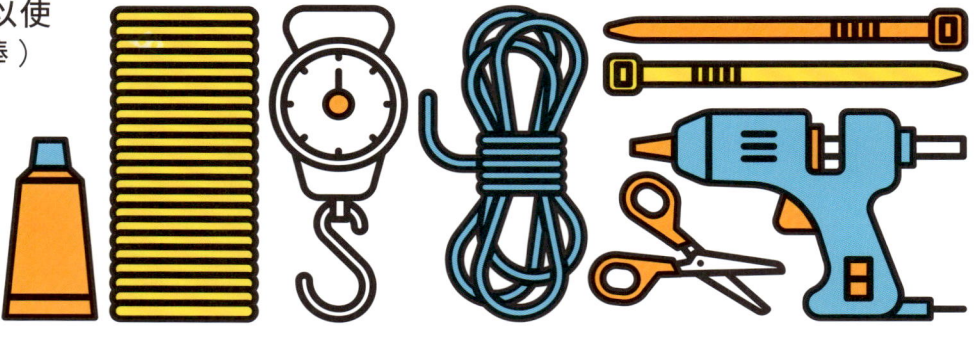

1 用 3 支木棒做一個三角形，像這樣。

2 加另一個三角形，用膠水小心地將木棒固定在每個角上。

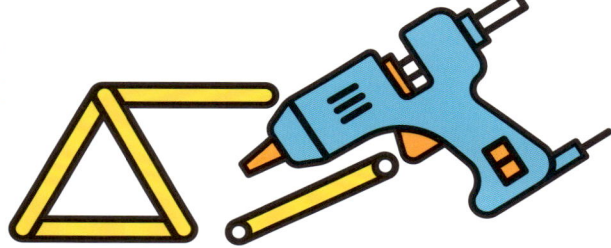

3 繼續增加，直到完成如下七個排列的三角形。

4 用額外的支架加強結構，如圖。

5 繼續增加其他支架，直到結構看起來像這樣。

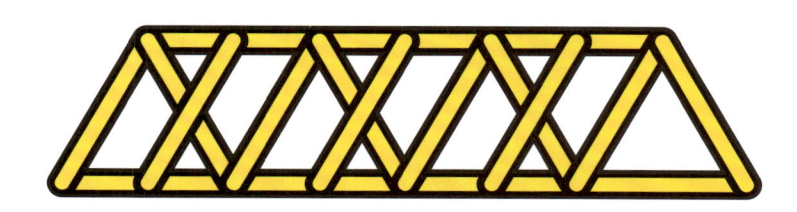

6 重複步驟 1-5，完成橋的另一側。

7 現在製作底部。首先用四根木棒黏成一個正方形。

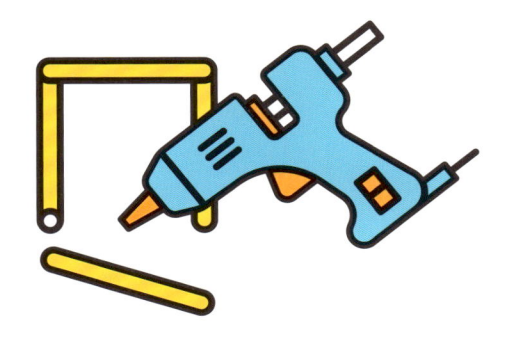

8 增加更多正方形，直到串成四個。

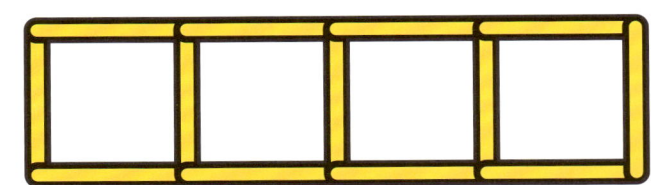

9 增加支架使整個底部更堅固。

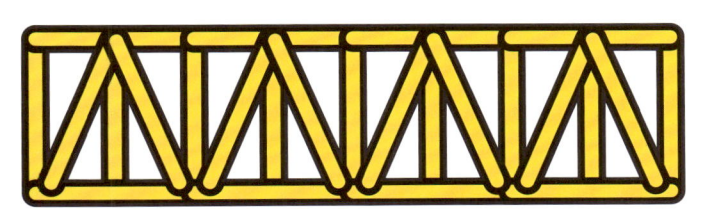

10 將橋的底部和側面排列成三角形，然後用束線帶固定第一個角。

11 如圖所示，繼續將橋的各部分用束線帶綁在一起（可以剪掉束線帶的末端讓它看起來更簡潔）。

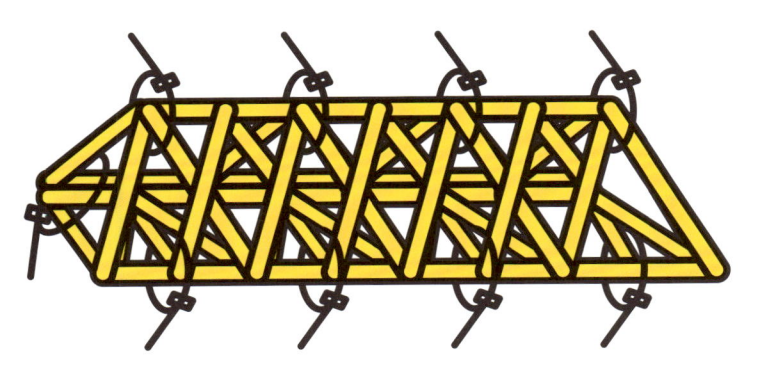

12 在一個空間（例如，兩把椅子之間）之間平衡橋架，然後將尼龍繩沿另一側穿過橋架，然後再次穿過橋架朝向你。

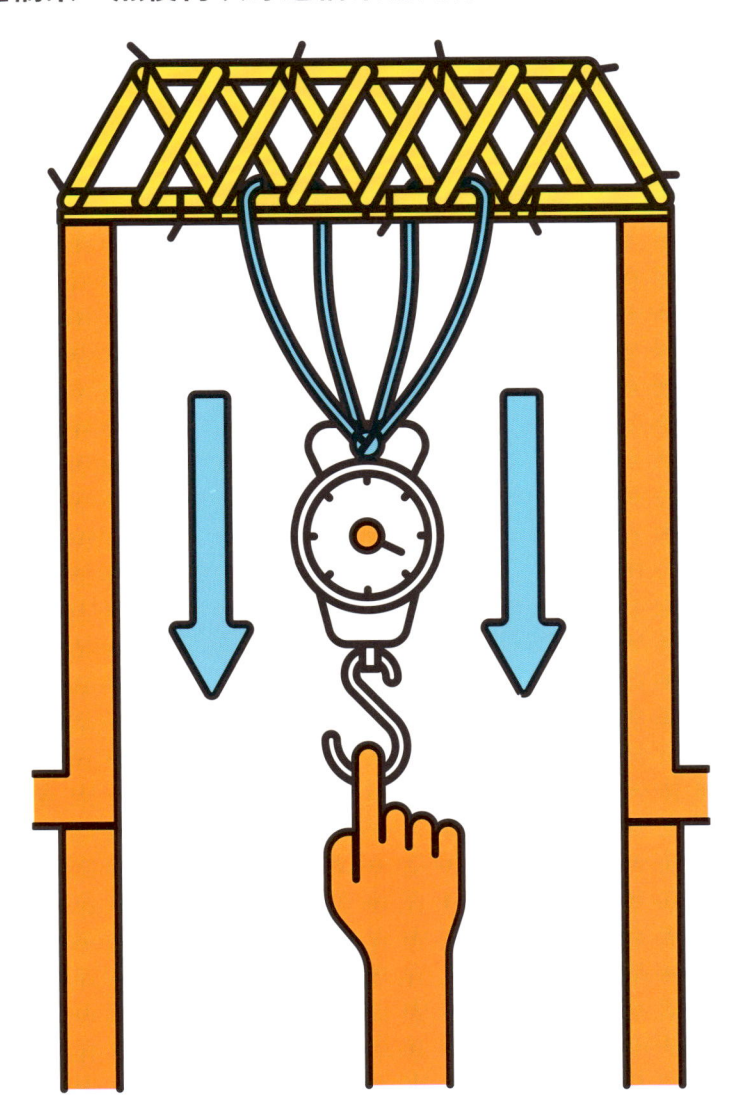

13 將繩子打個結，這樣你就可以將釣魚秤掛在上面。

14 向下拉拉磅秤（一開始輕一點！），看看可以施加多大的壓力。你也許可以拉到高達 25 公斤的重量，橋才會開始崩解！請注意橋樑斷裂時不要跌倒或被秤砸到。

科學原理是？

這都與三角形有關！三角形在工程項目中非常重要，因為在不折斷其中一個接點或不改變其中一側的長度的情況下，三角形無法被彎曲或扭曲。另一方面來說，正方形就很容易彎曲和扭曲。這就是為什麼我們用其他木棒穿過構成橋底的正方形，將它們變成三角形。

氣球擴音器

氣球可以使聲音聽起來更大。方法如下：

你需要
- 一個氣球
- 你的耳朵

1 將氣球盡可能吹脹，然後將口綁起來。

2 輕敲氣球的側面，聽聽它發出的聲音。不是很大聲，對吧？

3 現在，將膨脹的氣球放在耳朵旁邊，然後再次輕敲它。你聽到的聲音會響亮得多。

科學原理是？

我們周圍的空氣非常擅長傳遞聲音——這就是我們聽到聲音的方式。當你將空氣吹入氣球時，你會迫使空氣分子靠得更近，使它們成為更好的聲音導體。因此，當你輕敲氣球的另一側時，你聽到的聲音會很大。

消失的彩虹

要如何才能使色彩豐富的東西在你眼前消失？真的很簡單。

你需要
- 一些卡紙或硬紙板
- 杯子或杯子
- 鉛筆
- 剪刀
- 尺
- 繩子
- 六種不同顏色的彩色筆或蠟筆
- 可以在紙板上打孔的工具

1 將杯子或杯子放在紙板上，用鉛筆描下外圈，然後將它剪下。

2 用鉛筆和尺將圓分成六等分。

3 將每個部分塗上不同顏色：紅色，橙色，黃色，綠色，藍色和紫色。

4 在圓心的兩側戳兩個小孔。

5 裁兩條大約 60 公分長的繩子，並在每個孔中穿一條。

6 將它們的兩端綁在一起。

7 握住繩子的兩端，將色輪向前旋轉一圈，使兩條繩子互相纏繞並扭轉。

8 拉開雙手，讓繩子展開然後再次互相纏繞，使色輪快速旋轉。顏色就會消失！

科學原理是？

白光其實不是白光——它是光譜中所有顏色的混合。如果你將紅色、綠色和藍色的光混合起來，就會得到白光。色輪就是這樣——當顏色混合在一起，你的眼睛就會看到一個白色的圓。這就是所謂的加色混合。

火花在飛

這是製作簡單的設備來儲存靜電的方法，而且每次都會給你輕微的電擊！

你需要

- 厚的保麗龍方塊（用於包裝電子設備或有時用作絕緣材料）
- 羊毛襪或手套
- 拋棄式鋁箔派盤
- 保麗龍杯
- 膠帶

1 將保麗龍杯倒過來，然後用膠帶黏到派盤上。

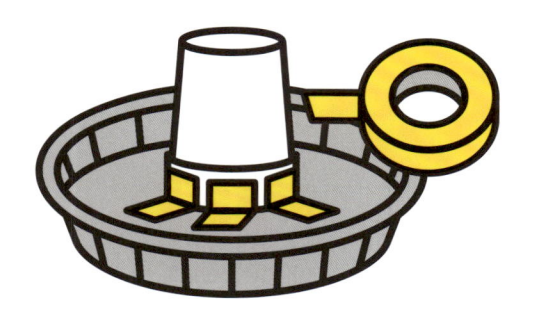

2 拿起羊毛手套或襪子，劇烈摩擦保麗龍方塊一分鐘。（如果摩擦時間不夠長，實驗的效果就不會好。）

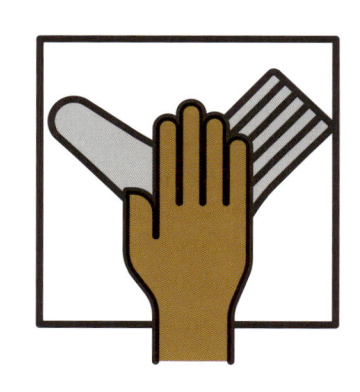

3 接下來，透過杯子將派盤拿起來，然後放在保麗龍方塊上。

4 將手指靠近派盤邊緣——大約距離 1 公分左右就可以。看看會發生什麼事！

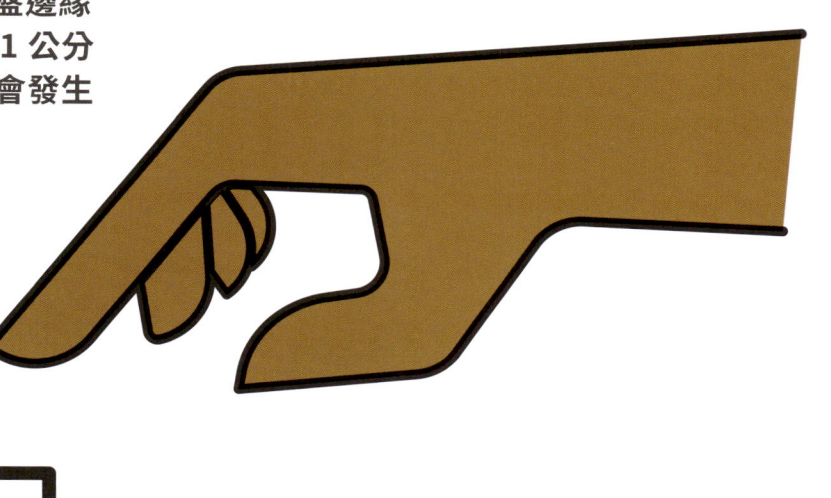

5 你會受到微弱的電擊，而且會看到火花從派盤跳到你的手指上。

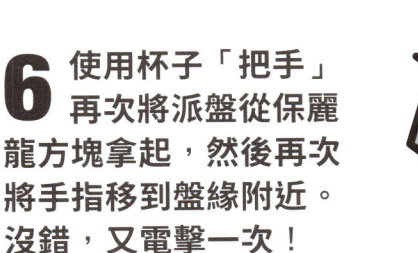

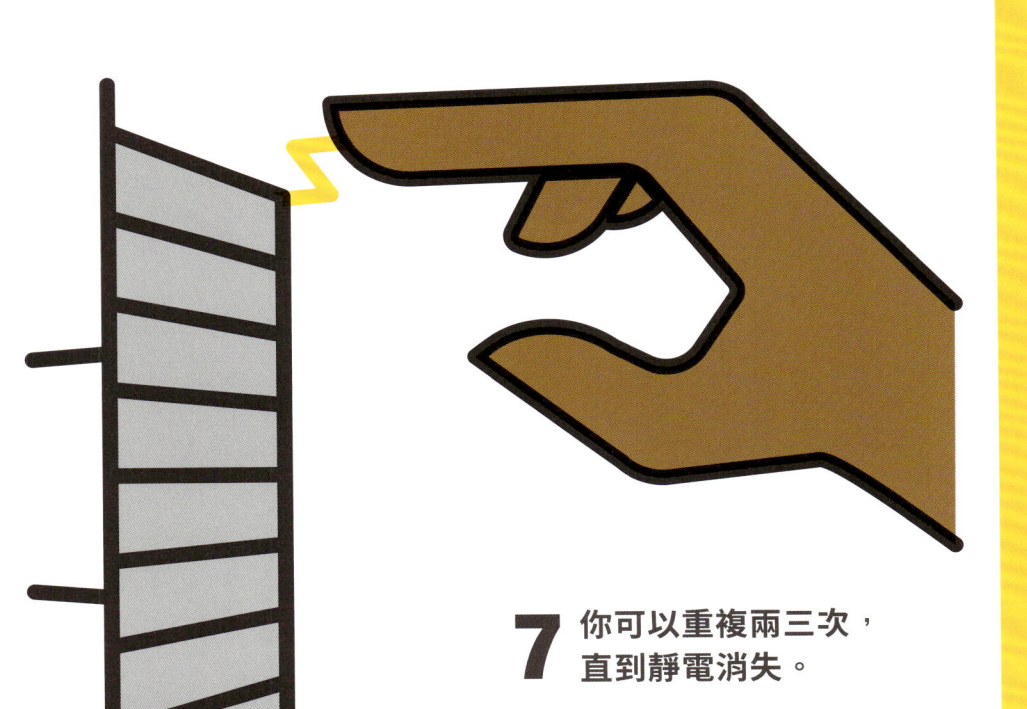

6 使用杯子「把手」再次將派盤從保麗龍方塊拿起，然後再次將手指移到盤緣附近。沒錯，又電擊一次！

7 你可以重複兩三次，直到靜電消失。

科學原理是？

透過羊毛手套（或襪子）來摩擦保麗龍，你會給予保麗龍多餘的負電荷。鋁箔盤沒有多餘的電荷，因此當你將盤子放到帶有負電荷的保麗龍方塊上時，保麗龍中的電子會排斥盤上的電子。但是電子被下面的保麗龍和周圍的空氣所包圍——兩者都是絕緣體，所以電子無處可去。當你將手指靠近盤子，電子就會從盤子上跳下來並落到你身上，啊！現在派盤有了正電荷，如果再次用手指靠近它，你會受到再一次微弱的電擊。

火與水

水是用來滅火的，對嗎？除非你找到方法用它來點火…

你需要
- 圓身的透明塑膠瓶裝水
- 一張黑紙（或者用印表機印出一個大的黑色方形）

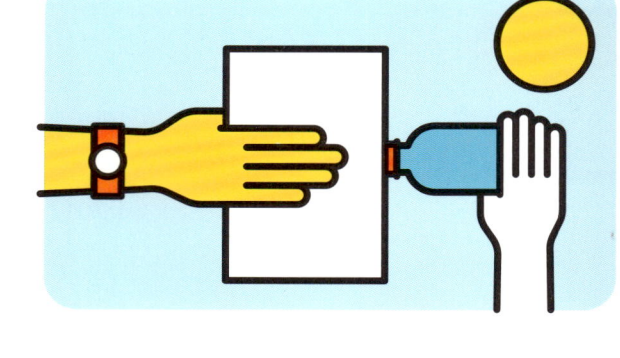

1 將瓶子上的標籤撕下。

2 站在外面的陽光下，請一位大人拿著黑紙。你負責握水瓶，將它舉在紙張和太陽之間。

3 調整水瓶，直到瓶子和黑紙之間的角度和距離剛好讓陽光聚焦在黑色方形上。它看起來會是一個小光點。

4 過了一會兒，紙張會開始悶燒，然後著火。用瓶中的水將它撲滅。

科學原理是？

圓身的瓶子效果最好，因為它的作用就像放大鏡一樣，會增加陽光的威力，使光束熱到可以起火。黑色吸收光線的效果比任何其他顏色都好，有助於快速起火。試試用一般白紙來進行此實驗，你會發現這會變得困難很多。

舉手！

大多數人認為他們可以控制自己的手臂，但有時並非如此。

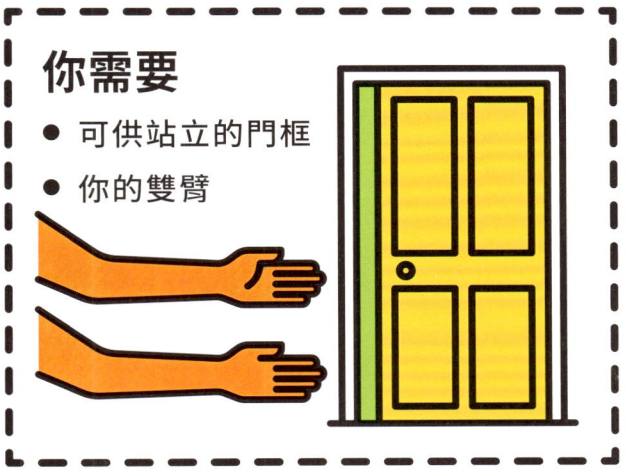

你需要
- 可供站立的門框
- 你的雙臂

1 站在門框上。

2 將兩隻手臂放在身體兩側，掌心朝向你。抬起手，直到碰到門框為止。

3 將手臂向外推住門框大約 1 分鐘。

4 將手臂放回身體兩側，走出門框並放鬆。

5 你的手臂會神奇地飛向空中！

更進一步

如果你非常專心，就可以防止手臂舉起。感覺會像是真的有力量在試圖將手臂抬起！

科學原理是？

當你推門框時，身體會進行「自主性肌肉收縮」——這就是關鍵。當你停下來時，身體會繼續透過不自主的肌肉收縮進行相同的動作，這就是為什麼你的手臂會像翅膀一樣舉起來！

製作水晶糖

最好的實驗,是最後做出的成品可以吃掉。
(吃完要刷牙,記得第67頁說的!)

你需要
- 大約 3 杯糖(記住我們討論過牙齒的事!)
- 食用色素
- 木勺子
- 一杯水
- 竹籤
- 玻璃罐(或玻璃杯也可以)
- 大湯鍋
- 曬衣夾

1 將一杯水倒入鍋中,並請大人點爐火。

2 加入一杯糖。警告:糖溶液在沸騰之前會超過 100°C,因此請特別小心!

3 糖溶解在水中後,慢慢加入更多糖,直到糖無法再溶解為止。你應該會用到幾乎三杯的糖。

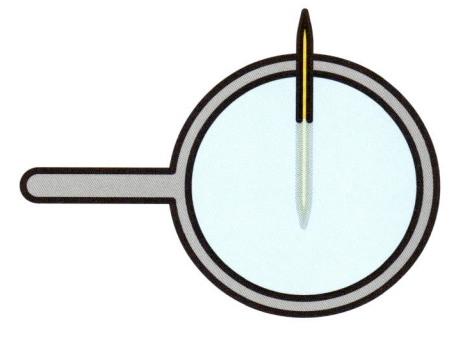

4 現在水看起來應該是渾濁的。

5 將鍋子移開火源,冷卻。

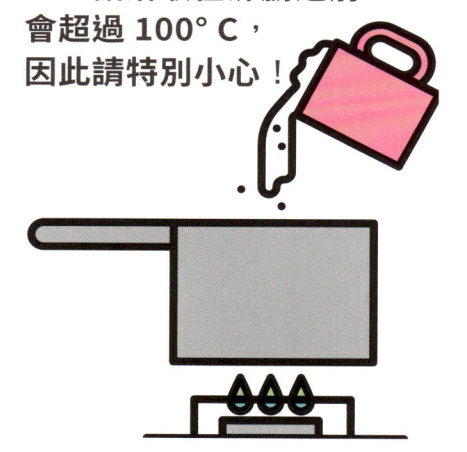

6 將竹籤浸一半到糖水中。

7 拿竹籤在剩下的糖中滾動，鋪上薄薄一層糖。

8 將竹籤晾乾（必須完全乾燥，否則會失效）。

9 將冷卻的糖水裝進玻璃瓶中。

10 加入幾滴食用色素並攪拌均勻。

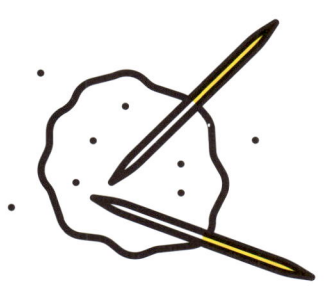

11 用曬衣夾夾住竹籤未沾糖的那端，然後將竹籤放到罐子中。

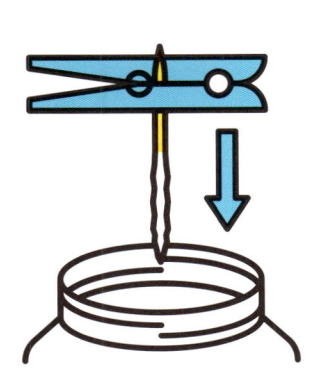

12 一天之後，你會開始看到竹籤上形成結晶。

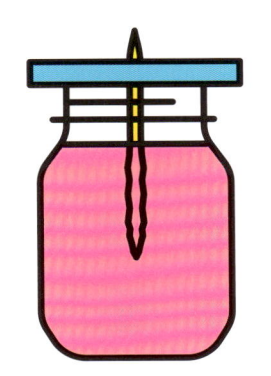

13 三天後，竹籤周圍應該有很多結晶。

14 一個禮拜後，你就有一些甜脆的糖果可以享用了！

科學原理是？

水加熱時，只能溶解一定總量的糖——這稱為飽和溶液。當它開始冷卻時，會變成過飽和溶液——水無法將所有的糖都保存在溶液中，但是糖需要一些東西才能在上面形成晶體，於是開始在竹籤上的細小糖粒上結晶，這扮演了「種子」的作用。糖晶體會繼續在竹籤上生長，直到形成一棵小的糖果樹。

更進一步 你可以準備更多的玻璃瓶，並且用不同的食用色素來做出不同顏色的糖果。

伯努利定律

本書即將進入尾聲，該使用恰當的科學名稱來進行實驗了！

你需要

- 長形的薄塑膠袋（例如超市購物袋或回收垃圾袋）
- 一個朋友

科學原理是？

丹尼爾・伯努利（Daniel Bernoulli）得出結論，當空氣流產生時，其周圍的壓力會下降。因此，向袋子吹氣會在內部產生低壓，而外部的較高壓力就會灌入袋子以平衡壓力。這些空氣，再加上你吹進袋子的空氣，就足以讓袋子膨脹起來。當你像氣球一樣吹袋子時，就不會發生這種情況，因為袋子和你的嘴之間是密封的。

1 請你的朋友試試能否吹氣五下就將塑膠袋灌滿。

2 他可能只能將袋子充氣約三分之一。

3 現在輪到你了！不要像氣球一樣吹氣，先將袋子放在前方的平坦表面上。

4 和袋子的開口保持約 60 公分的距離，盡可能地打開袋口，然後用穩定的長吐氣吹入袋子。

5 盡快將袋子密封起來，看看你將袋子充氣到什麼程度。應該幾乎完全膨脹了！

瘋狂氣球

讓我們看看是否可以使普通氣球做出怪異的行為！

你需要
- 氣球
- 一面牆
- 乾淨的空鋁罐

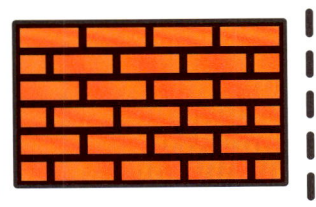

1 將氣球充氣。

2 拿起氣球在羊毛衣或頭髮上劇烈摩擦。

3 用氣球碰觸牆壁——它應該會黏住。

4 試著讓兩個氣球互相觸碰。看似簡單但做起來難！

5 將鋁罐平放在桌子上，然後用一個氣球靠近它。罐子會朝著氣球滾動。

科學原理是？

用氣球在羊毛或頭髮上摩擦會使它們帶負電荷。它們會以類似磁鐵吸引鐵或鋼的方式來吸引不帶電的物體，例如罐子或牆壁。當你將兩個氣球放在一起時，它們會相互推擠，因為它們都帶有負電荷。

蟲蟲樂園

蚯蚓是神秘的小生物,我們通常沒有機會窺探它們的日常生活。現在機會來了!

你需要
- 大玻璃罐(越大越好)
- 空的汽水罐
- 錘子和釘子
- 沙土
- 堆肥
- 水
- 乾狗糧
- 厚的黑紙
- 膠帶
- 蚯蚓(可從花園挖,或到當地釣魚用品店購買)

1 將空的汽水罐放在玻璃罐的底部。

2 在汽水罐四周加一層沙子(深 1-2 公分)。

3 在沙子上加 1-2 公分的土壤。

4 繼續交替鋪上沙子和土壤,直到罐子幾乎裝滿為止(頂層是土壤的話效果最好)。

5 在頂層放一些蚯蚓。

6 請大人協助你用錘子將乾狗糧敲碎。

7 將它撒在頂層,然後用堆肥覆蓋。玻璃罐現在應該是滿的。

現實生活中

蚯蚓在挖隧道時會幫土壤充氣,這會使空氣和水更容易通過土壤。植物喜歡這樣的土壤,這就是為什麼園丁說蚯蚓是他們最好的朋友!

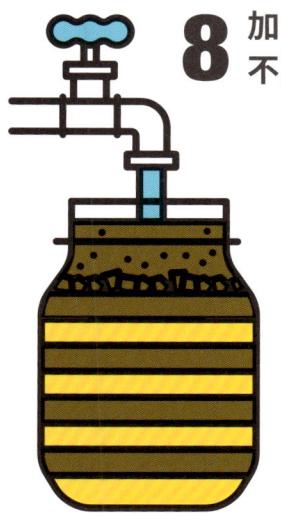

8 加水讓整體潮濕和濕潤即可，不要全部泡在水中。

9 請大人在罐子的金屬蓋上戳一些氣孔。

10 轉緊蓋子，然後用深色紙包覆玻璃罐。將罐子放在安全的地方——例如架子上。

11 每一兩天，檢查確認土壤是濕的。如果需要，可以加點水。

12 每隔幾週，再加一些搗碎的乾狗糧。

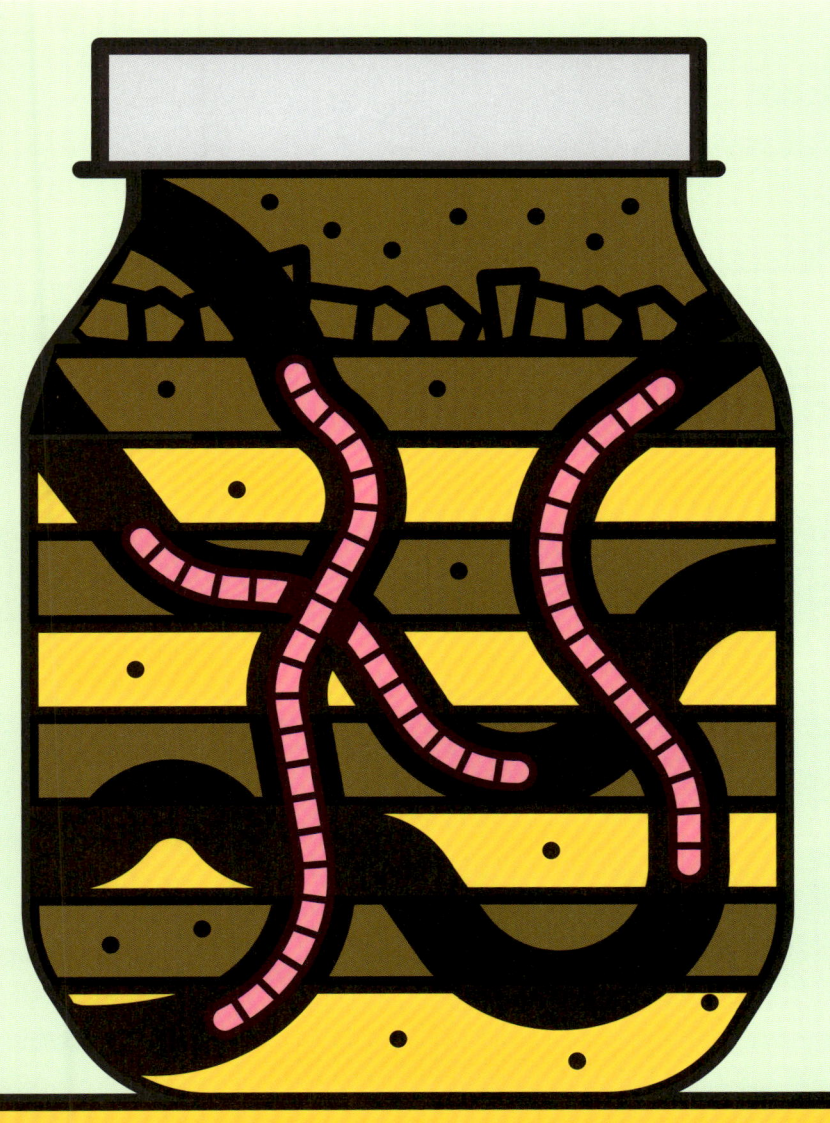

13 在第一週之後，你會看到蚯蚓已開始在罐子中蓋隧道，這是我們平常看不到的。（別忘了在完成實驗後，將蚯蚓放生到花園中！）

科學原理是？

將汽水罐放入玻璃罐中，蚯蚓就會被迫往玻璃罐外圍挖隧道，這樣我們才看得到。蚯蚓透過「吃土」來挖隧道。他們吃掉所有的好料，然後把多餘的（包括一些蚯蚓的「口水」）透過大便排出來！

線軸坦克車

這是用橡皮筋驅動的迷你坦克車的製作方法。

你需要
- 空的棉線軸
- 2 根火柴
- 蠟燭
- 銳利的刀子
- 可以在蠟上戳洞的工具
- 橡皮筋

1 請大人從蠟燭上切 1 片蠟下來。

2 將 1 根火柴折成兩半，丟掉有火藥的那端。然後將另一根火柴的火柴頭折掉。

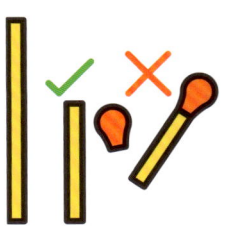

3 在蠟燭片的中央戳 1 個洞。

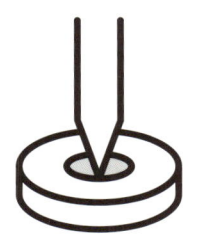

4 將橡皮筋穿過這個洞，然後穿過棉捲軸的中心，從另一側穿出來。

5 拿短的那根火柴棒。在沒有蠟片那側，將它穿過橡皮筋末端的環。

6 拉另一端的橡皮筋，把長的火柴棒穿過去。

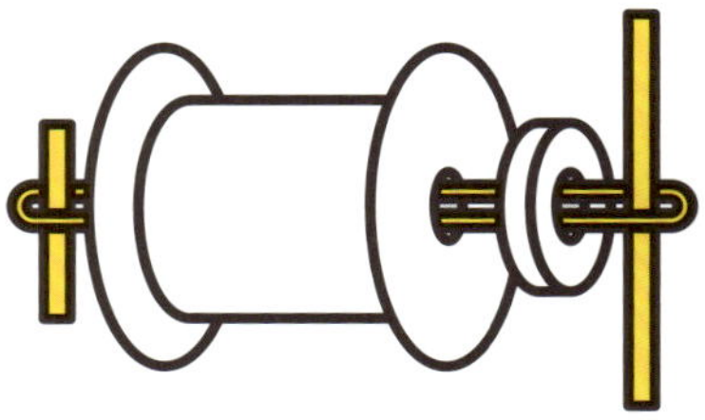

7 一圈又一圈扭轉較長的火柴棒，讓橡皮筋變緊。

8 轉不動時，將坦克車放在平坦的表面上，看它能跑多遠！

科學原理是？

當你扭轉橡皮筋時，會傳遞能量給它。停止扭轉並鬆開橡皮筋時，它將釋放這些能量。兩根火柴棒都無法轉動，因為長的那根卡在地面上，短的那根靠棉線軸上。如此一來，捲軸本身會轉動，「坦克車」也隨之滾動。

消失的臉

你本來就不喜歡那個朋友的臉，對吧？

你需要
- 白牆
- 方形或矩形鏡子（可以握在手中的大小）
- 1 個朋友
- 2 把椅子

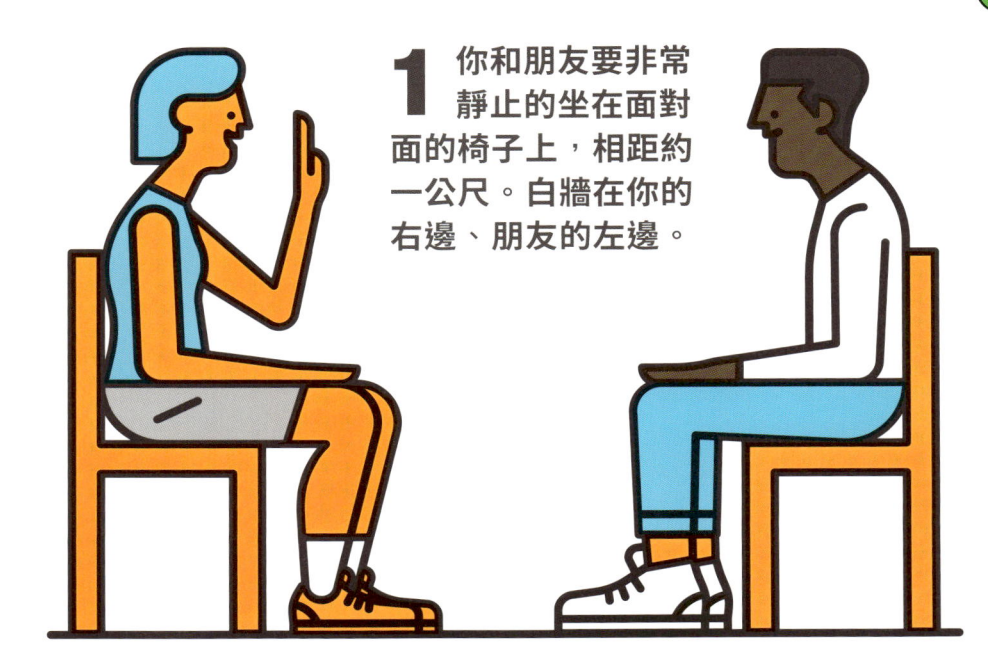

1 你和朋友要非常靜止的坐在面對面的椅子上，相距約一公尺。白牆在你的右邊、朋友的左邊。

2 用你的左手握住鏡子，使左邊緣對準你的鼻子，鏡子成 45 度角。你的右眼只能看到白色牆壁的反射影像，而左眼則可以看到朋友的臉。

3 用右手擦拭白牆。你會看到朋友的臉憑空消失！

OMG!

科學原理是？

正常情況下，你兩眼看見同一物體的版本會稍有不同——你的大腦會將兩個版本組在一起形成 3D 影像。在這個實驗中，你的眼睛看到的是兩種截然不同的物體，但是只要你不動，大腦就能將它們分開。大腦對動作非常敏感，所以如果你和朋友都是靜止狀態，大腦會偏愛你移動右手時眼睛所看到的影像，這就是為什麼看起來你把朋友的臉「擦掉」了。

穀片中的鐵！

據說健康的早餐穀片富含鐵質，對嗎？拿出一些穀物麥片，我們要讓你看看每天吃進多少鐵！

你需要

- 一碗穀物麥片，例如玉米片（檢查包裝盒，確認它含有鐵質！）
- 大的玻璃碗
- 可以將穀物搗碎的馬鈴薯搗碎器（或其他工具）
- 水龍頭的熱水
- 湯匙
- 夾鍊冷凍袋
- 強力、扁平的磁鐵（釹磁鐵效果最佳）

1 倒一碗乾穀片到玻璃碗中。

2 將穀片搗成粉末（如果有些顆粒較大沒關係）。

3 加水，足夠讓穀片溶解形成湯狀就可以。

4 小心地將「湯」倒入夾鍊冷凍袋中。

5 從袋子中的空氣擠出，並密封。

6 將袋子放在桌面或其他平坦表面上。袋子平放。

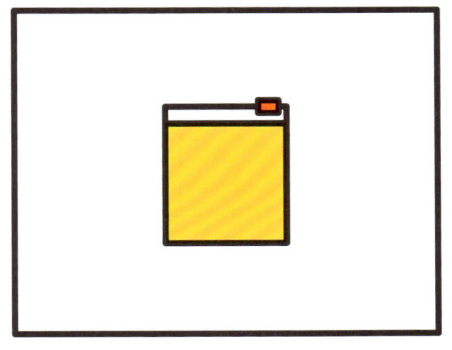

7 慢慢地將磁鐵橫跨袋子的表面。從一端開始，然後推向另一端。

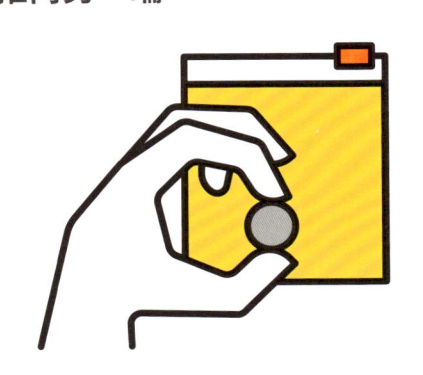

8 重複此動作，直到你開始在邊緣觀察到微小斑點的黑色物質。

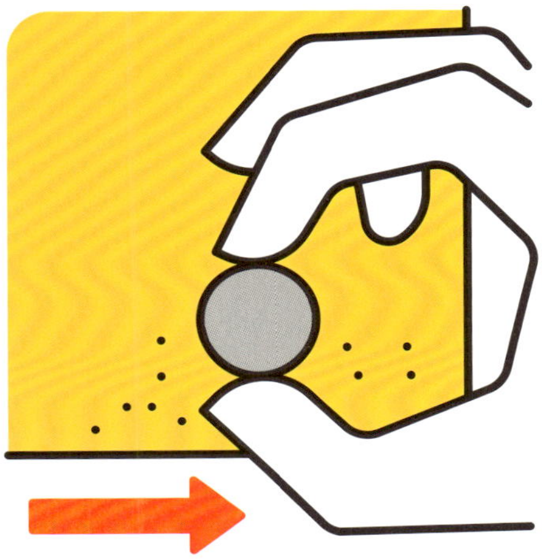

9 沿著同一邊緣從左到右緩慢移動磁鐵，你將會吸引出所有細小斑點。

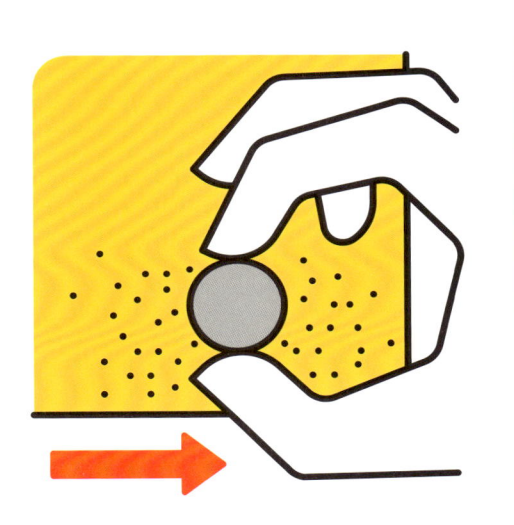

現實生活中

我們為什麼需要鐵？鐵有助於紅血球的製造，而紅血球是使氧氣有效地在體內移動的必要關鍵。如果鐵量不足，你可能會貧血，看起來會臉色蒼白，容易疲勞，呼吸困難。

科學原理是？

當穀物麥片說「加鐵配方」時，指的的確是鐵，只是它被切成很微小的碎片，你看不到。透過壓碎穀物然後加水，就可以將鐵釋放出來，然後利用磁力吸引將鐵全部聚集在一起，就看得到了。

10 最後，你會看到數量驚人而且很明顯是鐵的東西！

不可能的簽名

你記得自己的名字怎麼寫吧？
不，當你嘗試這種方法時，你就不記得了！

你需要
- 1 張紙
- 鉛筆
- 椅子和桌子

1 坐在桌前，將紙放在你的面前。

2 抬起右腳並開始順時針旋轉一圈。

3 拿鉛筆寫下你的名字——簽名或正楷都可以。

4 無論你多麼努力克制，你的腳都會開始跟著簽名的「路徑」走！

科學原理是？

你的大腦和你的身體一直都在「對話」——它們一直在不斷交談！科學家們認為，這些對話的某些部分比其他部分重要。在此實驗中，你的大腦將較多的注意力放在手的動作上，因為它認為你的手佔「主導地位」。當你開始寫字時，你的腳就會開始跟隨簽名的路徑。

長出自己的名字

這是一種超酷的「簽名」法，讓每個人都能看見。

你需要
- 大塊的棉方巾
- 一些西洋菜（水田芥）種子
- 園藝噴霧器
- 有你的姓名的卡片模板（可有可無）

1 將棉布放在平坦的表面上。

2 如果你要用模板，請在卡上畫出你的名字，然後請大人幫你剪下每個字的形狀。

3 按照你名字的形狀灑上種子，或者將模板放在棉布上，然後將種子灑到名字的空白處。

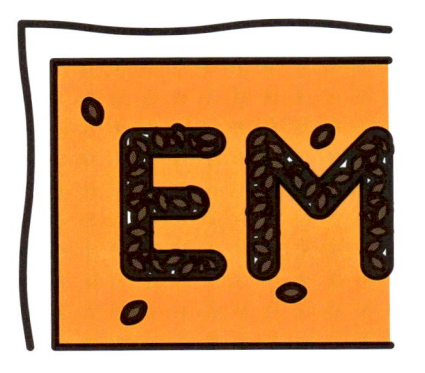

4 取下模版（如果你有使用的話），並將整塊棉布噴濕。

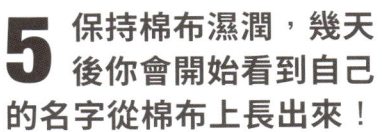

5 保持棉布濕潤，幾天後你會開始看到自己的名字從棉布上長出來！

科學原理是？

許多種子不需要土壤即可發芽。這些西洋菜的種子需要的是空氣、光線和水。棉花除了儲水並提供一個表面讓種子根部可以攀附以外，什麼也沒做。剩下的都是光合作用，也就是植物吸收太陽光並將它轉化為化學能量來成長的過程。

製作微型機器人

讓我們用一些簡單的家用物品和便宜的電子組件來製作自己的機器人。

你需要

- 舊的矩形塑膠髮梳
- 帶有紅色和黑色電線的圓形迷你馬達（9-12V）
- 帶兩個連接器的按鍵開關（有時稱為 SPST 開關）
- 短螺絲
- 9V 電池
- 小鋼鋸
- 剪線鉗或銳利的剪刀
- 膠槍

1 請大人將塑膠髮梳上的把手鋸掉，留下矩形梳頭。

2 將螺釘黏在馬達的軸（或軸心）上，與軸呈直角。（這裡的用意是使馬達旋轉時，讓螺釘隨之旋轉，從而產生晃動。）

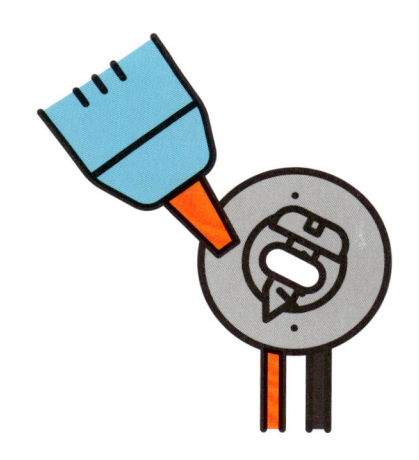

3 將馬達的一端黏到梳子的頂部，電線朝內。

4 將電池黏到另一端，使端子朝向馬達。確切的位置將取決於梳子的大小──馬達和電池需要靠得夠近，使電線可以連接得上。

5 將紅線連接到電池正極。（如有必要，請大人先剝掉末端外皮。）

6 請大人將黑色電線切成兩半，剝去末端外皮。

7 將馬達的黑色電線連接到開關上標有「input」或「load」的連接器上。

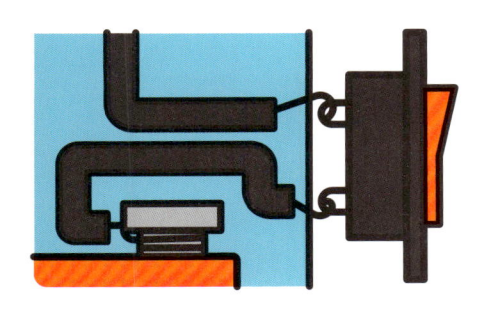

8 將剩下的黑色電線的一端連接到電池負極，另一端連接到開關剩下的連接器上。

9 打開開關來測試連接。如果馬達不轉動，試試用反過來的方式將馬達和電池連接到開關。

科學原理是？

梳子的刷毛就像是數百隻小腳一樣。在馬達上增加螺釘的重量，每次馬達轉動時都會產生「晃動」，足以促使刷毛移動。這個運動力量大到可以使機器人從牆壁和其他物體上反彈！這個電路稱為「串聯電路」。當你關掉開關時，電路會斷開；當你打開開關時，電路完成迴圈，電池就會使馬達轉動。

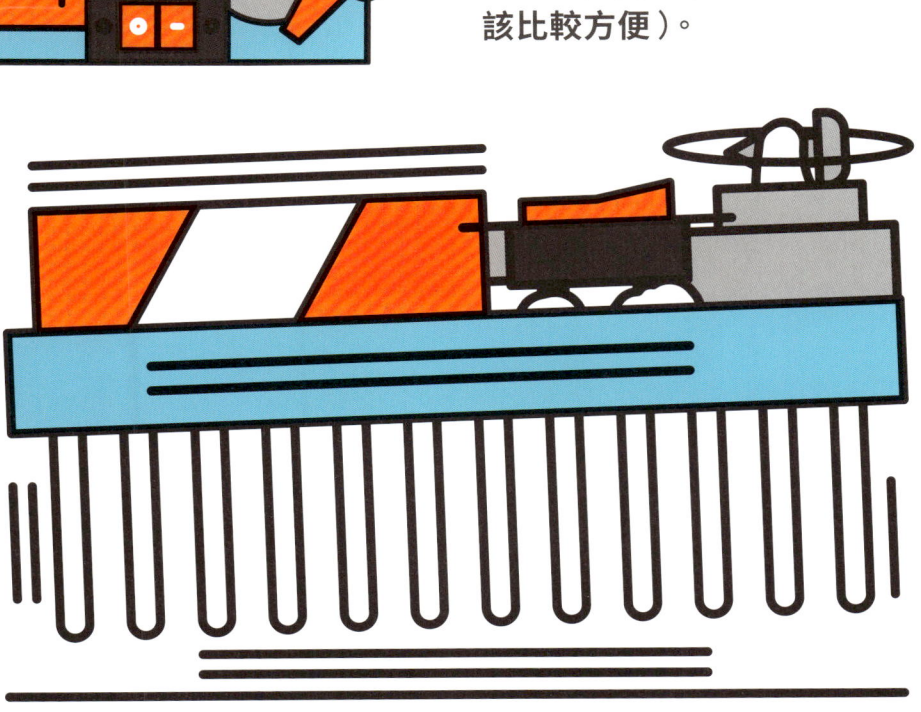

10 將開關黏到電池和馬達之間的位置（從側面應該比較方便）。

11 將機器人放在堅硬的地板上，看它自由行走！

尖叫氣球

這是讓氣球發出怪異刺耳的尖叫聲的方法。
非常適合用來嚇你的朋友！

你需要
- 氣球
- 六角金屬螺母

1 將螺母塞進未充氣的氣球裡。

2 吹氣球。

3 綁結。

4 握住膨脹的氣球的一端開始繞圈，讓螺母在氣球內部旋轉。

5 過一會兒你就會聽到恐怖的尖叫聲。

科學原理是？

只要我們不斷旋轉氣球，我們的老朋友「向心力」就會使螺母在氣球內旋轉。螺母的許多側面會一遍又一遍地靠著氣球壁振動，最後產生強大的振動和聲波並發出噪音。一旦你停止旋轉氣球，重力就會接管，螺母也會掉到氣球底部。

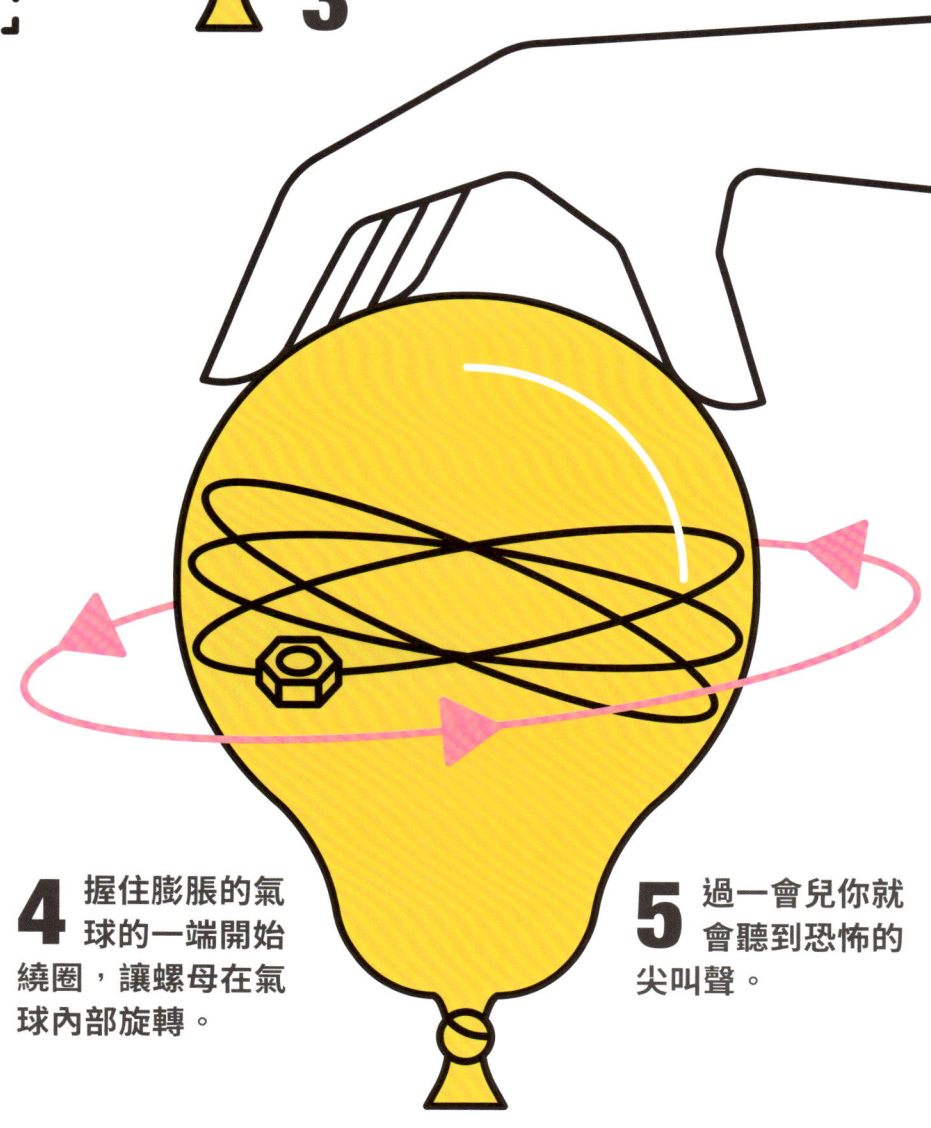

在蛋上行走

蛋殼很容易破，對嗎？也許是的，但是它們事實上比外表更堅固。

你需要
- 六盒雞蛋，每盒十二個
- 戶外空間（這可能會弄得很髒！）
- 可以幫助你起步的朋友

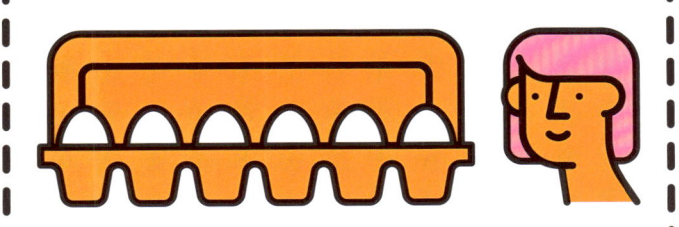

1 在戶外找一片平坦且水平的表面。

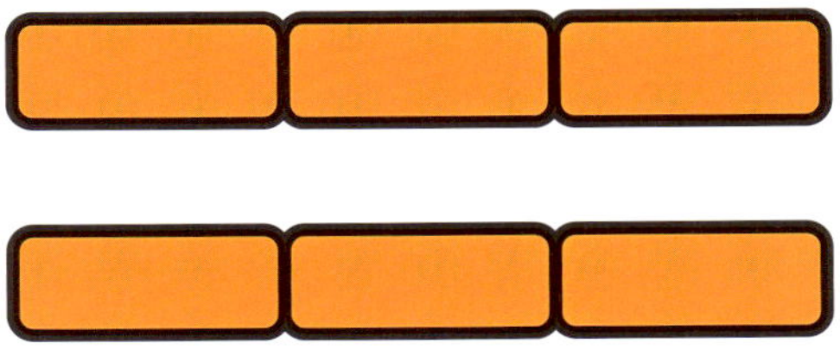

2 將蛋盒放好，頭尾相連成兩排，兩排之間留 15 公分的間距。

3 打開盒子，以便看到蛋。

4 檢查蛋是否有破損，並確認尖端都指向同一方向。

5 請朋友幫助你站上第一盒蛋——如此一來，你就可以將腳平放在超過 6 至 8 個蛋上面。

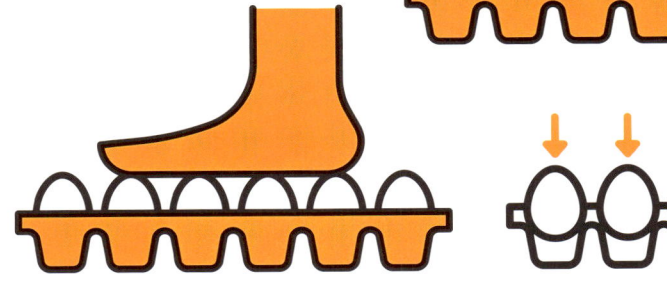

6 抬起另一隻腳，開始小心走過所有的蛋。

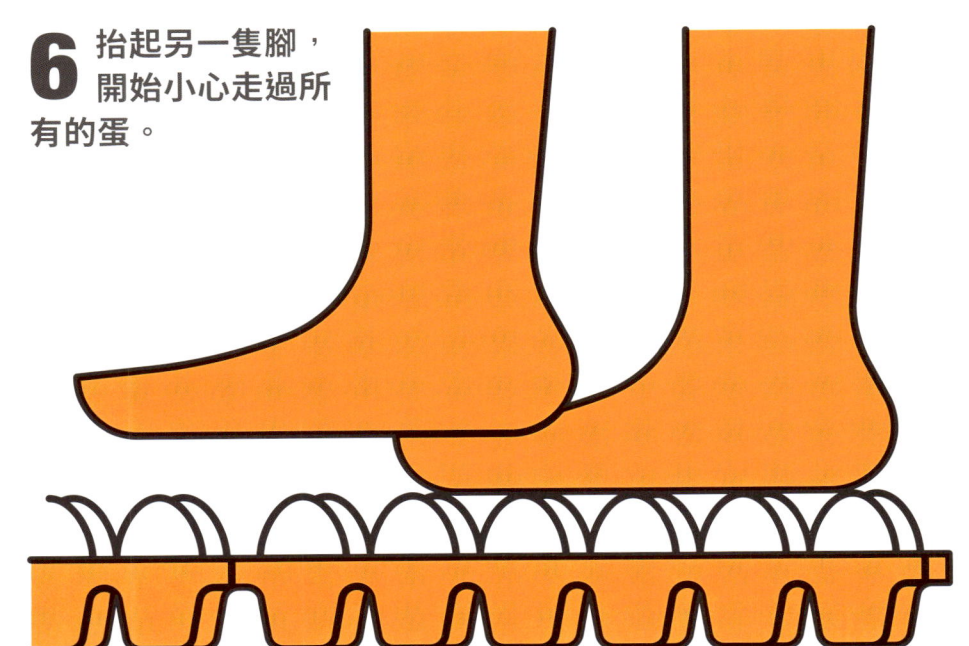

科學原理是？

蛋的形狀有點像拱門。拱門是建築中最堅固的形狀之一，這就是為什麼你會在全世界的大小教堂中看到它的原因。蛋的頂部和底部最堅固，這就是為什麼當你站上去時它不會破裂。此外，蛋的形狀也有助於均勻分散壓力。

詞彙表

不確定某些科學名詞或術語的含義嗎?好,你來對地方了!
讓我們來提醒自己這些詞到底是什麼意思!

吸收
吸上來或接收。

酸
有酸味並且會與金屬產生強烈反應的化合物。

鹼
溶於水並能中和酸的化學物質。

細胞
生命的最基本構成。細胞是可以獨立生存的最小「單元」。

向心力
一種施加於旋轉物體上的力。它會將物體拉向或推向中心,並防止它以直線飛出。

電荷
物質的正負極性質。

電路
電子設備中通電後的路徑。電路通常由電線組成。

凝結
氣體通過冷卻變成液體的過程。

導體
很容易地傳遞電流或熱能的物質。

結晶
形成晶體的過程。結晶是分離已溶解在液體中的固體的一種方法。

反磁性
磁鐵兩極都會排斥的特性。

蒸餾
轉化為氣體,然後冷凝以除去任何礦物質和其他雜質。水經常以蒸餾法來淨化。

電子
帶負電荷的粒子。

平衡狀態
完美平衡的狀態。

蒸發
透過加熱讓液體變成氣體的改變。

頻率
聲音在一秒內振動的次數。

摩擦力
兩個物體相互移動時產生的阻力。

重力
具有質量的物體之間的相互吸引力。

LED
(「發光二極管「的縮寫)一種電流通過時會發光的半導體。

分子
結合在一起的原子。分子是化合物的最小版本。

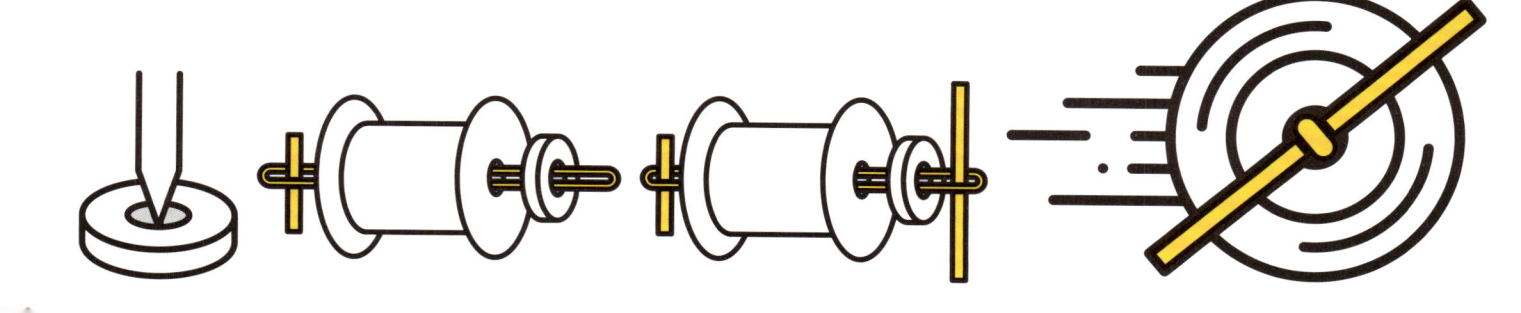

釹磁鐵
比一般磁鐵強 100 倍的磁鐵。

中性
非酸性或鹼性。

成核
溶液中開始形成氣泡或晶體的過程。

氧化
物質與氧氣反應時發生的化學反應。例如，鐵與氧氣反應形成生鏽。

光合作用
植物利用光能，從水和二氧化碳製成養分的過程。

趨光性
植物向光生長的特性。

氣壓機器
利用壓力氣體產生機械運動的裝置。

聚合物
由長鏈分子製成的材料，具有特殊性質，可能是橡膠狀、黏性或硬質的。

壓力
施加於一個區域的力量。

反應
兩種或多種物質相互作用，並且因此發生變化的化學過程。

折射
造成光線從一種物質傳到另一種物質時（例如，在水和玻璃之間）的彎曲。

折射率
測量光從一種介質傳遞到另一種介質時會彎曲多少的方法。

可溶
可以溶解在水之類的液體中。

溶液
已溶解物質的液體混合物。

靜電
在電絕緣體上形成並可能造成火花的電荷。

過飽和
溶液中含有超出液體可以容納的溶解物質。如果碰到微小結晶體或者雜質，物質便會迅速結晶。

表面張力
由於水分子相互吸引，在液體表面形成一層「表皮」的現象。

蒸散
植物從根部吸收水分，然後以水蒸氣的形式從葉片中釋放出來的過程。

STEAM 科學了不起(暢銷經典版)：70 個小孩在家就可以玩的超酷科學遊戲

作　　者：羅伯‧比提 / 山姆‧匹特
譯　　者：張雅芳
企劃編輯：王建賀
文字編輯：江雅鈴
設計裝幀：張寶莉
發 行 人：廖文良

發 行 所：碁峯資訊股份有限公司
地　　址：台北市南港區三重路 66 號 7 樓之 6
電　　話：(02)2788-2408
傳　　真：(02)8192-4433
網　　站：www.gotop.com.tw
書　　號：ACV040531
版　　次：2025 年 08 月二版
建議售價：NT$299

國家圖書館出版品預行編目資料

STEAM 科學了不起：70 個小孩在家就可以玩的超酷科學遊戲 / 羅伯‧比提, 山姆‧匹特原著；張雅芳譯. -- 二版. -- 臺北市：碁峯資訊, 2025.08
　　面；　公分
　　譯自：Stupendous science.
　　ISBN 978-626-425-144-0(平裝)
　　1.CST：科學實驗　2.CST：通俗作品
303.4　　　　　　　　　　　　　　114010546

商標聲明：本書所引用之國內外公司各商標、商品名稱、網站畫面，其權利分屬合法註冊公司所有，絕無侵權之意，特此聲明。

版權聲明：本著作物內容僅授權合法持有本書之讀者學習所用，非經本書作者或碁峯資訊股份有限公司正式授權，不得以任何形式複製、抄襲、轉載或透過網路散佈其內容。
版權所有‧翻印必究

本書是根據寫作當時的資料撰寫而成，日後若因資料更新導致與書籍內容有所差異，敬請見諒。若是軟、硬體問題，請您直接與軟、硬體廠商聯絡。